The Agile Enterprise: Building and Running Agile Organizations

アジャイル エンタープライズ

アジャイル型組織の構築と運用

Mario E. Moreira = 著

川口恭伸 = 監修
角 征典 = 翻訳

apress

本書内容に関するお問い合わせについて

このたびは翔泳社の書籍をお買い上げいただき、誠にありがとうございます。弊社では、読者の皆様からのお問い合わせに適切に対応させていただくため、以下のガイドラインへのご協力をお願いいたしております。下記項目をお読みいただき、手順に従ってお問い合わせください。

●ご質問される前に

弊社 Web サイトの「正誤表」をご参照ください。これまでに判明した正誤や追加情報を掲載しています。

正誤表　　　　　http://www.shoeisha.co.jp/book/errata/

●ご質問方法

弊社 Web サイトの「刊行物 Q & A」をご利用ください。

刊行物 Q & A　　http://www.shoeisha.co.jp/book/qa/

インターネットをご利用でない場合は、FAX または郵便にて、下記"翔泳社 愛読者サービスセンター"までお問い合わせください。

電話でのご質問は、お受けしておりません。

●回答について

回答は、ご質問いただいた手段によってご返事申し上げます。ご質問の内容によっては、回答に数日ないしはそれ以上の期間を要する場合があります。

●ご質問に際してのご注意

本書の対象を越えるもの、記述個所を特定されないもの、また読者固有の環境に起因するご質問等にはお答えできませんので、あらかじめご了承ください。

●郵便物送付先および FAX 番号

送付先住所　〒 160-0006 東京都新宿区舟町 5
FAX 番号　03-5362-3818
宛先　　（株）翔泳社 愛読者サービスセンター

※本書に記載された URL 等は予告なく変更される場合があります。
※本書の出版にあたっては正確な記述につとめましたが、著者や出版社などのいずれも、本書の内容に対してなんらかの保証をするものではなく、内容やサンプルに基づくいかなる運用結果に関してもいっさいの責任を負いません。
※本書に掲載されているサンプルプログラムやスクリプト、および実行結果を記した画面イメージなどは、特定の設定に基づいた環境にて再現される一例です。
※本書に記載されている会社名、製品名はそれぞれ各社の商標および登録商標です。
※本書では TM、®、©は割愛させていただいております。

Original English language edition published by Apress, Inc.
Copyright © 2017 by Apress, Inc.
Japanese-language edition copyright ©2018 by Shoeisha Co., Ltd.
All rights reserved.
Japanese translation rights arranged with Waterside Productions, Inc. through Japan UNI Agency, Inc., Tokyo

人生とは成果であり、世界に影響を与えるものでもあります。
この世界にはあなたの周囲にいる人たちも含まれます。
私の人生に素晴らしい影響を与えてくれた3人に本書を捧げます。
Seeme、Aliya、Iman、ありがとう。

目次

謝辞 xii
著者について xiii
貢献者について xiv
監修者紹介 xv
翻訳者紹介 xvi

第1章 はじめに 1
- 1.1 本書の革新性 2
- 1.2 学習できること 4
- 1.3 本書の対象読者 7
- 1.4 本書の読み方 7
- 1.5 ピットイン、エクササイズ、参考文献 9

第2章 顧客価値駆動企業を思い描く 11
- 2.1 顧客価値駆動エンジン 12
- 2.2 確実性から遠ざかる 13
- 2.3 価値に適応する 15
- 2.4 前提を疑う 15
- 2.5 企業の体重を減らす 16
- 2.6 顧客価値に近づくマネジメント 17
- 2.7 顧客価値の文化に最適化しているか? 19
- 2.8 参考文献 20

第3章 ビジネス成果を達成する 21
- 3.1 アジャイルの価値と原則を受け入れる 22
- 3.2 顧客と従業員に対するエンゲージメント 25

　　　　3.3　成果にフォーカスする ・・・・・・・・・・・・・・・・・・・ 26
　　　　3.4　成功のレシピを持っているか? ・・・・・・・・・・・・・・・ 28
　　　　3.5　参考文献 ・・・・・・・・・・・・・・・・・・・・・・・・・ 28

第 4 章　アジャイル銀河を構築する　　　　　　　　　　　　　　　　29
　　　　4.1　アジャイル銀河の環境 ・・・・・・・・・・・・・・・・・・ 30
　　　　4.2　アジャイル銀河の全体的なプロセスビュー ・・・・・・・・・ 31
　　　　4.3　アジャイル銀河の役割 ・・・・・・・・・・・・・・・・・・ 34
　　　　4.4　あなたのアジャイル銀河は? ・・・・・・・・・・・・・・・ 37
　　　　4.5　参考文献 ・・・・・・・・・・・・・・・・・・・・・・・・・ 37

第 5 章　アジャイルの文化を活性化する　　　　　　　　　　　　　　39
　　　　5.1　アジャイルのマインドセット ・・・・・・・・・・・・・・・ 40
　　　　5.2　3 次元のアジャイルな文化 ・・・・・・・・・・・・・・・・ 41
　　　　5.3　アジャイルな文化の価値 ・・・・・・・・・・・・・・・・・ 43
　　　　5.4　アジャイルの原則を思い出す ・・・・・・・・・・・・・・・ 44
　　　　5.5　組織の文化的カラー ・・・・・・・・・・・・・・・・・・・ 45
　　　　5.6　文化への心構え ・・・・・・・・・・・・・・・・・・・・・ 49
　　　　5.7　どのような文化を持っているか? ・・・・・・・・・・・・・ 52
　　　　5.8　参考文献 ・・・・・・・・・・・・・・・・・・・・・・・・・ 52

第 6 章　顧客を受け入れる　　　　　　　　　　　　　　　　　　　　53
　　　　6.1　顧客フィードバックの操縦士 ・・・・・・・・・・・・・・・ 54
　　　　6.2　顧客フィードバックの的 ・・・・・・・・・・・・・・・・・ 55
　　　　6.3　アジャイル銀河を取り巻く顧客の宇宙 ・・・・・・・・・・・ 56
　　　　6.4　価値駆動企業における顧客 ・・・・・・・・・・・・・・・・ 58
　　　　6.5　顧客価値への道を学ぶ ・・・・・・・・・・・・・・・・・・ 59
　　　　6.6　顧客価値獲得のアンチパターン ・・・・・・・・・・・・・・ 60

6.7	顧客が価値を理解するのは難しい・・・・・・・・・・・・・・	61
6.8	顧客フィードバックは顧客価値エンジンに不可欠か？・・・・・	62

第 7 章　従業員を受け入れる　　　　　　　　　　　　　　　　65

7.1	顧客価値エンジンを整備するメカニック・・・・・・・・・・・	65
7.2	アジャイル銀河の COMETS（彗星）・・・・・・・・・・・・	67
7.3	自己組織化チーム・・・・・・・・・・・・・・・・・・・・・	68
7.4	コラボレーション・・・・・・・・・・・・・・・・・・・・・	69
7.5	オーナーシップ・・・・・・・・・・・・・・・・・・・・・・	70
7.6	モチベーション・・・・・・・・・・・・・・・・・・・・・・	72
7.7	エンパワーメント・・・・・・・・・・・・・・・・・・・・・	74
7.8	信頼・・・・・・・・・・・・・・・・・・・・・・・・・・・	75
7.9	安全・・・・・・・・・・・・・・・・・・・・・・・・・・・	77
7.10	従業員エンゲージメントの理解・・・・・・・・・・・・・・・	78
7.11	あなたの従業員の文化は？・・・・・・・・・・・・・・・・・	80
7.12	参考文献・・・・・・・・・・・・・・・・・・・・・・・・・	80

第 8 章　アジャイルエンタープライズにおける役割の進化　　　　81

8.1	企業の役割をアジャイルに最適化する・・・・・・・・・・・・	81
8.2	ホラクラシー・・・・・・・・・・・・・・・・・・・・・・・	97
8.3	役割を進化させたか？・・・・・・・・・・・・・・・・・・・	98
8.4	参考文献・・・・・・・・・・・・・・・・・・・・・・・・・	98

第 9 章　学習する企業を構築する　　　　　　　　　　　　　　101

9.1	教育はトレーニングだけではない・・・・・・・・・・・・・	103
9.2	アジャイル教育の宇宙・・・・・・・・・・・・・・・・・・	106
9.3	業務ベース学習の重要性・・・・・・・・・・・・・・・・・	109
9.4	アジャイル教育のビジョン・・・・・・・・・・・・・・・・	109

| | | 9.5 学習する時期か? .... 112 |

第10章　発見的なマインドセットを適用する　　　115

  10.1 ビジネスのための発見的なマインドセット 116
  10.2 発見による文化の強化 116
  10.3 発見的なマインドセットを持って進む 117
  10.4 漸進思考 118
  10.5 実験思考 119
  10.6 発散・収束思考 121
  10.7 フィードバック思考 123
  10.8 デザイン思考 125
  10.9 発見的なマインドセットを持って進む時期か? 126
  10.10 参考文献 127

第11章　エンタープライズアイデアパイプラインを可視化する　　　129

  11.1 アイデアパイプライン 129
  11.2 パイプラインの道筋 131
  11.3 アイデアの記録 132
  11.4 アイデアの披露 133
  11.5 アイデアの洗練 136
  11.6 アイデアの実現 139
  11.7 アイデアのリリース 141
  11.8 アイデアの回顧 142
  11.9 企業のアイデアは可視化されているか? 143
  11.10 参考文献 144

第12章　遅延コストに優先順位を付ける　　　145

  12.1 顧客価値にフォーカスする 145

- 12.2 優先順位付けの手法 ･････････････････････ 146
- 12.3 遅延コスト（CoD）の探索 ･･････････････････ 148
- 12.4 遅延コストの計算 ･･････････････････････ 150
- 12.5 企業価値曲線 ･･･････････････････････ 151
- 12.6 CD3の計算 ･･･････････････････････ 153
- 12.7 CoDの前提を疑う ･･･････････････････ 154
- 12.8 尻尾をカットしているか？ ･･･････････････････ 156
- 12.9 参考文献 ･････････････････････････ 157

第13章 リーンキャンバスでアイデアを捕まえる　　159
- 13.1 アイデアを文書化するキャンバス ･･･････････････ 159
- 13.2 ビジネスモデルキャンバス ････････････････ 161
- 13.3 リーンキャンバス ･･････････････････････ 162
- 13.4 顧客価値キャンバス ･･････････････････ 165
- 13.5 生きているキャンバス ･･･････････････････ 168
- 13.6 アイデアのキャンバスを描いているか？ ････････････ 169
- 13.7 参考文献 ･･･････････････････････ 169

第14章 顧客フィードバックを取り入れる　　171
- 14.1 顧客フィードバックループ ････････････････ 172
- 14.2 顧客ペルソナを構築する ････････････････ 176
- 14.3 現在のペルソナと明日のペルソナ ･･････････････ 179
- 14.4 「記録」から「回顧」までペルソナを使う ･･････････ 180
- 14.5 顧客フィードバックビジョン ････････････････ 182
- 14.6 フィードバックループは顧客価値につながっているか？ ･･･ 183
- 14.7 参考文献 ･････････････････････････ 183

第 15 章　要求ツリーを構築する　　185

- 15.1　要求ツリー　　185
- 15.2　要求の要素の属性　　188
- 15.3　要求ツリーのナビゲート　　188
- 15.4　要求ツリーに役割を合わせる　　190
- 15.5　要求ツリーをアジャイルに合わせる　　191
- 15.6　どのような要求ツリーか?　　192

第 16 章　アイデアをストーリーマッピングに分割する　　195

- 16.1　アイデアを分解する理由　　195
- 16.2　ストーリーマッピングの探索　　197
- 16.3　生きているストーリーマップ　　202
- 16.4　6つのプリズム　　203
- 16.5　ストーリーマッピングで優れたストーリーができるのか?　　207
- 16.6　参考文献　　207

第 17 章　アイデアパイプラインをバックログに接続する　　209

- 17.1　バックログの接続　　210
- 17.2　バックログの使用　　211
- 17.3　バックログの種類　　212
- 17.4　バックログの属性　　214
- 17.5　依存関係の検討　　216
- 17.6　グルーミングの重要性　　216
- 17.7　作業がうまくつながっているか?　　217

第 18 章　ユーザーストーリーで協力する　　219

- 18.1　会話の約束　　219
- 18.2　チームとの共同作業　　221

18.3　要求ツリーの上位の枝 222
18.4　ユーザーストーリー 224
18.5　ユーザーストーリーは会話を促進しているか？ 229

第 19 章　アジャイルな予算編成を推進する　　231

19.1　従来の予算編成からの脱却 232
19.2　なぜアジャイルな予算編成なのか？ 233
19.3　価値駆動型の需要と供給 234
19.4　価値の高いアイデアの構造化 235
19.5　アジャイルな予算編成の枠組みの構成要素 237
19.6　アジャイルな予算編成に関わる人たち 238
19.7　稲妻型のチーム 240
19.8　独自の枠組みを作る指針 241
19.9　アイデアを整理するリズム 243
19.10　最も価値の高いものに投資しているか？ 244
19.11　参考文献 245

第 20 章　アジャイルの成功指標を適用する　　247

20.1　成果が重要 247
20.2　指標の価値 248
20.3　先行指標の価値 249
20.4　企業経営のための指標 251
20.5　相関関係を示すエンタープライズダッシュボード 259
20.6　成功指標は何か？ 260

第 21 章　アジャイルで使える人事制度を考案する　　263

21.1　HR がアジャイルを推進する 264
21.2　アジャイルの役割に移行することを支援する 269

- 21.3 アジャイルのマインドを持つ従業員を採用する ･････273
- 21.4 パフォーマンスエクセレンスに向かっているか? ･････274
- 21.5 参考文献 ････････････････････････････274

第 22 章 アジャイルエンタープライズの物語　277

- 22.1 オープンスペースによるアンカンファレンス ･････278
- 22.2 アジャイルな旅のインクリメント･･････････････279
- 22.3 あなたのアジャイルの物語をどう書くか? ･･･････288

索　引 ･････････････････････････････････290

謝辞

ApressのRita Fernandoに感謝します。他の仕事や人生で何かが起きたときにも、辛抱強く私を執筆に集中させてくれました。ApressのRobert HutchinsonとLaura Berendsonに感謝します。彼らの編集によって、本書が現実のものとなりました。

JP BeaudryとDavid Grabelに感謝します。彼らは強力なアジャイルの提唱者であり、本書の2つの章を共同執筆してくれました。彼らのおかげで、旅が楽しくなりました。協力してくれて本当にありがとう。

EmergnとVistaprintのアジャイル実践者たちに感謝します。アジャイルファミリーの一員として、私の仕事にインスピレーションを与えてくれ、アイデアをサポートしてくれました。

アジャイルの推進者や愛好家である読者のみなさんに感謝します。アジャイルエンタープライズの実現に必要なものを学び、顧客価値駆動のアジャイルな変革に必要となる多くのコンセプト・マインドセット・手法を取り入れようとしてくれました。どうもありがとうございます。

著者について

Mario E. Moreira

　エンタープライズアジャイルコンサルタント、マスターアジャイルコーチ。顧客価値のデリバリー、デリバリー速度の最適化、品質の向上により、企業がビジネス成果を達成することを支援している。企業をアジャイルに変革させることを専門とし、アジャイルがもたらすビジネス成果を実現するために、最新のコンセプトやプラクティスを導入している。具体的には、エグゼクティブ、マネジメント、小規模から大規模までの分散チームに対して、アジャイルのマインドセット、コンセプト、プラクティス（スクラム、XP、カンバン、リーン、VFQ、ストーリーマッピング、バリューストリームマッピングなど）をコーチング・教育している。これまでに、エグゼクティブ、アドバイザー、マネージャー、チームメンバーとして働いた経験があり、アジャイルやビジネスの変革においては、さまざまな役割が必要であることを理解している。過去には、フィデリティ投信、CA テクノロジーズ、ウォールマート、Emergn、Vistaprint などの組織を率いた経験がある。

アジャイルの経験に加えて、ソフトウェア構成管理、ポートフォリオマネジメント、プロダクトマネジメント、ビジネス戦略、要件、アーキテクチャ、IT ガバナンス、テクノロジー、開発、デリバリー、イノベーション、品質保証などにも精通している。

著書に『Agile Enterprise: Building and Running Agile Organizations』『Being Agile: Your Roadmap to Successful Adoption of Agile』『Adapting Configuration Management for Agile Teams』『Software Configuration Management Implementation Roadmap』『Agile for Dummies』がある。また、定期的にブログ「Agile Adoption Roadmap」を執筆している（http://cmforagile.Blogspot.com）。

貢献者について

David Grabel

第 12 章の共同執筆者。Vistaprint のエンタープライズアジャイルコーチであり、アジャイルをエンジニアリング部門だけでなく、すべての事業部に導入している。中小企業から大企業まで、スクラム、カンバン、XP、SAFe を導入した経験がある。コンサルタントとして、クライアントの Vistaprint、Trizetto、Bose、PayPal に対して、チームレベルから企業レベルまで、アジャイルの導入を支援している。CSM、CSP、SPC として認定されている。地元企業のアジャイルの導入を加速することを目的とした NPO 団体「アジャイルニューイングランド」の理事であり、理事長を務めたこともある。Agile 2015、Agile 2016、Lean Kanban North America、Mile High Agile など多くのカンファレンスで講演している。

JP Beaudry

第 16 章の共同執筆者。エンジニアリングリーダー、アジャイルコーチ。現在は Cimpress のテクノロジーディレクターであり、企業におけるアジャイル変革のリードと、10 億ドル規模の Vistaprint の技術オペレーションを担当。Cimpress の前は、シスコシステムズでさまざまなエンジニアリング部門をリードしていた。2013 年には所属していたビジネスユニットのアジャイルプラクティスが認められ、シスコパイオニア賞を受賞。BCS（英国コンピュータ協会）認定のアジャイルプラクティショナー、Emergn 認定の VFQ エキスパートコーチ。

監修者紹介

川口恭伸（かわぐち・やすのぶ）

　本書は大企業向けのコンサルティングを長年務める著者が、大企業全体をアジャイルにするノウハウの全体像をカバーするべく書かれました。実際に、米国のIT企業を見学し、それらにコンサルを提供するプロたちと交流しますと、本書の内容が理想論ではなく、現実の企業課題として取り組まれていることを感じます。アジャイルに疎い経営陣はもういません。人もサービスも国を超えて瞬く間に行き来する時代です。デジタルの世界はもっとヤバイです。本書が角征典さんの素晴らしい訳を得て出版されることは救いです。何時間も節約できます。ありがとうございます。

【略歴】

楽天株式会社アジャイルコーチ。金沢大学経済学部卒、北陸先端科学技術大学院大学情報科学研究科修了。その後14年間、株式会社QUICKに在籍し、プロダクト開発や社内向けツールの開発を行う。日本へのスクラムの布教活動として、ジム・コプリエン、ジェフ・パットン、ジェフ・サザーランドらの来日を支援する。2011年よりアギレルゴコンサルティング株式会社を経て、2012年より現職。スクラムギャザリング東京、楽天テクノロジーカンファレンス実行委員。監訳書に『Fearless Change』（丸善出版）、『ユーザーストーリーマッピング』（オライリー・ジャパン）、共訳書に『Joy, Inc』（翔泳社）、『How to Change the World 〜チェンジ・マネジメント3.0〜』（達人出版会）がある。

翻訳者紹介

角 征典（かど・まさのり）

　私は「エンタープライズ」という言葉があまり好きではありません。あるヒーローが「人が人を助けていいのは、自分の手が直接届くところまで」と言っていたように、「エンタープライズ」には自分の手が届く気がしないからです。その一方で、日本ではアジャイル開発が本当に必要なところに、まだ届いていないという現実があります。本書が新しい「手」となり、エンジニアからマネージャーへ、マネージャーから経営者へと、これまでアジャイル開発に関心のなかった人たちにまで届くことを期待しています。さまざまな部門や役割に合わせて、アジャイル開発が変化していくことを楽しみにしています。

【略歴】

ワイクル株式会社 代表取締役。アジャイル開発やリーンスタートアップに関する書籍の翻訳を数多く担当し、それらの手法を企業に導入するコンサルティングに従事。主な訳書に『リーダブルコード』『Running Lean』『Team Geek』（オライリー・ジャパン）、『エクストリームプログラミング』『アジャイルレトロスペクティブズ』（オーム社）など。また、東京工業大学環境・社会理工学院 融合理工学系特任講師として、エンジニアリングデザインプロジェクトの詳細設計を担当。共著書に『エンジニアのためのデザイン思考入門』（翔泳社）がある。

第1章
はじめに

> アジャイルエンタープライズは、端から端まで、上から下まで、すべてアジャイルである。
>
> —Mario Moreira

　最も高い顧客価値に目を向けている企業を想像してください。組織的でありながら迅速に価値を追い求め、価値の低い仕事は排除する企業です。

　従業員が100%信頼されているので、脳力のすべてを活用して仕事に取り組み、さらに改善を続けている、そんな企業を想像してください。仕事をうまくできたことで従業員の満足度が高まっていく企業です。

　アイデアが戦略からタスクにいたるまで明らかにされ、自分の仕事が戦略や上位のアイデアと合致しているかを全員が把握できる組織を想像してください。最も価値の高いアイデアに予算が与えられる組織です。

　確実性を重視する思考よりも、発見的なマインドセットが勝る企業を想像してください。実験とフィードバックで顧客価値を明らかにする企業です。

　マネージャーが、コーチ、メンター、リーダーの役割を担い、インスピレーション、ビジョン、信頼を促進している企業を想像してください。個人のエゴよりも組織を第1に考える企業です。

仕事に顧客が深く関わっているため、顧客にアイデアが快く受け入れられている企業を想像してください。顧客とパートナーの関係であり、継続的なフィードバックを提供してもらっている企業です。

以上のような企業を想像できるなら、本書はその実現に役立つはずです。効果的に経営されているアジャイルエンタープライズを可視化する、洞察に満ちた実践的な知識と活動を提供するものです。また、顧客にエンゲージして、フィードバックを受け取ることの重要性についても学ぶことができます。従業員にエンゲージすることの重要性を受け入れ、彼らの仕事に対するオーナーシップと自己組織化を確実なものにできます。アジャイル変革のアイデアを受け入れ、構造的な変化よりも行動的な変化にフォーカスして教育することができます。

プロセスに従うよりも、アジャイルであるほうが重要だと気づいていますか？　顧客価値につながる発見的なマインドセットを持つ文化を手に入れたいですか？　アジャイルとは、顧客価値を届けることに最適化された企業文化を構築することである、という結論に達していますか？

本書では、上記の質問に答えるための最新のコンセプト、マインドセット、プラクティスを提供します。顧客価値駆動の企業に必要となる文化・役割・プラクティスを取り入れるときに役に立つでしょう。顧客の成功にコミットしており、そのためには企業全体で取り組むべきだと気づいているのなら、本書はあなたのための本です。

アジャイルのためにアジャイルを導入すべきではありません。顧客により多くの価値を届け、よりよいビジネス成果を実現するために、アジャイルを導入すべきです。顧客の成功のために、すべてのステップや活動を最適化しなければいけません。本書はあなたをその道へと導きます。

1.1　本書の革新性

アジャイルの価値と原則をコンセプト、マインドセット、プラクティス、テクニックの形で企業に導入し、最高の効果と成功を実現できるように、本書では3つの革新的な方法でアジャイルを取り上げます。

まずは、アジャイルエンタープライズの端から端まで、上から下まで、すべての人が関わる全体的な視点を扱うことです。顧客の宇宙におけるアジャイル銀河を見てく

ださい（図1-1）。この図は、現在のアジャイルのようすとあなたの未来の理想像を理解しやすくしたものです。

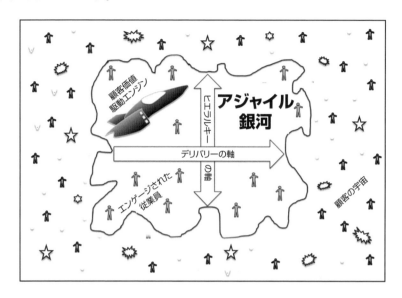

図1-1：顧客の宇宙におけるアジャイル銀河

　2つ目は、顧客フィードバックの重要性を示した顧客価値駆動企業、顧客価値フレームワーク、顧客価値エンジンを提供していることです。顧客価値フレームワークとは、顧客価値によって駆動されるビジネスとデリバリーのシステムです。顧客価値によってアイデアの収集や優先順位付けを行い、顧客フィードバックによって顧客価値を継続的に検証し、期間内に顧客価値を届けるシステムです。顧客が価値だと考えるものをデリバリーすることに最適化することが目的です。ここには、顧客価値を追求する従業員にエンゲージすることなども含まれます。

　3つ目は、アジャイルの最新のコンセプト、マインドセット、プラクティス、テクニックをパッケージにしたことです。これらは、アイデアからデリバリーまで、チームレベルからエグゼクティブレベルまで、企業全体にアジャイルを導入するときに明らかになります。ある意味、複数のアジャイルの書籍が集まったiPodです（あなたのための「iAgile」とでも呼びましょうか）。iPodは、MP3プレーヤーとしては特に革新的ではありませんでしたが、最新のコンセプト、テクニック、プロセスを結集させたという意味では、非常に革新的でした（図1-2）。

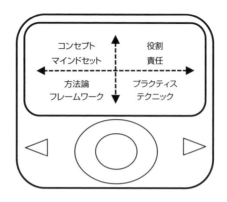

図1-2：本書はあなたのための iAgile です。最新のアジャイルの要素をパッケージにしています。

　アジャイルの多くのプロセス、フレームワーク、プラクティスが巷に出回っていますが、それらがあなたの環境に完全に適合しているわけでも、すべてのニーズを網羅しているわけでもありません。本書の目的は、あなたにアジャイルの要素を見抜くための洞察力を提供することです。そうすれば、あなたの状況に適したものを賢く選択して、企業の端から端まで、上から下まで、アジャイルを適用することができます。

　本書は、アジャイルと顧客価値文化に適応するためのガイドです。アイデアを認識した瞬間から、それを市場に届けてフィードバック（アイデアが成功したかどうか）を受け取るまでを網羅しています。

　また、本書はあなたがこれから進む先のビジョンを提供します。あなたの旅の実践的なガイドです。網羅的でも規範的な内容でもありませんが、従来の考え方や一般的なアジャイルの要素やプロセスを超えて、あなたを刺激することでしょう。本書のガイドラインは、これから出発するアジャイルの旅にも、これまでのアジャイル銀河の改善にも適用できます。

1.2　学習できること

　本書は、アジャイルの文化、マインドセット、方法論、プラクティスを企業全体（経営層からアジャイルチームまで）において、考慮・理解・配置・適応するための選択肢を提供します。さらに重要なのは、顧客が本当に望むものと、あなたが提供するものとのギャップを埋めるために役立つことです。既存の多くのプロダクトやサービスが

凡庸であることを考えれば、顧客重視だと主張する人たちが、顧客よりも組織の官僚主義および部門や個人の目標に部分最適化していることは、驚くことでもありません。

　これから学習することは、アイデアの発想段階からデリバリー後の回顧まで（端から端まで）、経営層からチームまで（上から下まで）、企業全体でアジャイルな価値駆動を実現することです。

　また、企業が顧客価値駆動で経営できるように、あなたの旅をお手伝いする最新のコンセプト、マインドセット、プラクティス、テクニックなどについても学習できます。

　本書では、企業の下から上まで、アイデアからデリバリーまでをアジャイルに経営し、アジャイル変革から恩恵が得られるようにする方法を示します。本書で取り上げる話題は、以下のとおりです。

- 文化とプロセスを**顧客価値**に最適化した**顧客価値駆動**企業になる。
- ビジネス結果を実現するために、**成果**の観点からアジャイルに取り組む。
- **アジャイル銀河**のスポンサーとなる**経営層の役割**を含むアジャイルエンタープライズの役割について、**上から下までの視点**を確立する。
- **アジャイルの価値と原則**と**多元型のグリーン組織**や**進化型のティール組織**のパラダイムを取り入れたマインドセットを持つ「アジャイルな文化」に進化する。
- アイデアの記録から回顧までの **6つのRモデル**で**アイデアパイプライン**を可視化して、**端から端までの視点**を確立する。
- **高パフォーマンスのチーム**（稲妻型のチーム、コラボレーション、**チーム殺しの回避**など）を構築する。
- 経営・人事・財務・ポートフォリオ・PMO・その他の**役割**を進化させ、アジャイルエンタープライズで効果的に働く。
- **顧客を大切にする**企業を構築する。たとえば、**ユーザーストーリー**、テスト、**デモ**などでペルソナを使用する、適切な顧客から適切な**フィードバック**を得る、**顧客フィードバックビジョン**など。
- **従業員を大切にする**企業を構築する。たとえば、**自己組織化**チーム、**アジャイルの役割**、モチベーションの理解、**権限範囲**の定義など。
- **仮説思考**、フィードバックループ、イノベーション、漸進思考にフォーカス

- したアジャイルな**発見的なマインドセット**を構築する。
- **不確実性**を賢明な出発点と見なし、**偽りや傲慢の確実性**を排除する。
- **遅延コスト**などの手法を使い、アイデアレベルで価値の高い作業を特定する**優先順位付け**フレームワークを構築する。
- 意思決定の自信を高め、顧客が望んでいないものをリリースするリスクを減らすため、**前提を疑う**文化を構築する。
- **アジャイルの価値と原則**にフォーカスした「学習・適用・共有」モデルの**実践ベースのアジャイル教育**を確立する。
- アジャイルコミュニティをサポートしながら、**自己組織化**チーム、**アジャイル教育ビジョン**、**ゲーミフィケーション**によって従業員に力を与える。
- **アジャイルな予算経営**の重要性と**需要と供給**に対する利点を理解する。
- 仕事の価値、リードタイム、デリバリー頻度、品質にフォーカスした**アジャイルな成功指標とダッシュボード**を構築する。
- 先行指標によって、求めている(遅れてくる)成果がわかるときは、**遅行指標から先行指標までの道筋**を適用する。
- **戦略、アイデア、インクリメント、エピック、ユーザーストーリー、タスク**の階層的な関係性を理解するために、**要求ツリー**を構築する。
- 作業の流れを管理するために**依存性を管理**したり、**ベロシティ**、**WIP**、**プルシステム**を有効に活用したりしながら、**アイデアパイプライン**をチームのバックログに接続する。
- アイデアとその前提、価値、ターゲットを捕まえ、さらに深く理解するために、**リーンキャンバス**を使った**アイデア発想**を学ぶ。
- アイデアをインクリメントやエピックに薄くスライスする**ストーリーマッピング**などの**分解**テクニックを導入し、**漸進的なマインドセット**を取り入れる。
- **ユーザーストーリー**の効果的な書き方、**コラボレーション**や**受け入れ基準**の重要性、進捗とのつながり。
- 人事を刷新し、アジャイルの促進、アジャイルの役割のサポート、従業員のモチベーション重視、報酬システムの変更、継続的な従業員フィードバックの獲得、チームベースのゴールの達成、セルフマネジメントの探索などを行う。
- 本書の内容を使用して、企業が段階的にアジャイルに**変革**していくようすを

アジャイルエンタープライズの物語として経験する。

1.3 本書の対象読者

本書の主な対象読者は、以下のとおりです。

- エグゼクティブとシニアマネジメント
- アジャイル変革のスポンサー
- アジャイルのコーチ、コンサルタント、推進者
- ポートフォリオマネジメントチーム
- プロジェクトマネジメントオフィス（PMO）
- プロダクトオーナー、プロダクトマネージャー、ビジネスアナリスト
- ビジネス部門、財務部門
- 人事部門
- マーケティング部門、販売部門
- 投資家と起業家
- スクラムマスター、アジャイルプロジェクトマネージャー
- クロスファンクショナルなエンジニアリングチームおよびスクラムチーム（開発者、QA担当者、アナリスト、テスター、テクニカルライター、UXエンジニア、構成管理エンジニアなどを含む）

1.4 本書の読み方

あなたの目的や事前知識に応じて、さまざまな読み方ができます。最初から最後まで読んでも構いません。各章は比較的短いので、単独であればすぐに読み終えることができるでしょう。知識レベル、具体的な課題、興味のあるテーマに合わせて、読み方をカスタマイズすることもできます。

最初の4つの章では、顧客価値駆動企業の概念的な基礎を説明しています。残りの章では、価値駆動のアジャイルエンタープライズを実現するためのコンセプト、マイ

ンドセット、プラクティス、テクニックを紹介します。テーマ、トピック、課題によって、本書を読む順番があります。以下は、ニーズに応じてテーマ別に章をまとめたものです。

顧客に関するアジャイル

　第2章「顧客価値駆動企業を思い描く」、第3章「ビジネス成果を達成する」、第6章「顧客を受け入れる」、第13章「リーンキャンバスでアイデアを捕まえる」、第14章「顧客フィードバックを取り入れる」、第18章「ユーザーストーリーで協力する」

従業員に関するアジャイル

　第3章「ビジネス成果を達成する」、第4章「アジャイル銀河を構築する」、第7章「従業員を受け入れる」、第8章「アジャイルエンタープライズにおける役割の進化」、第9章「学習する企業を構築する」、第10章「発見的なマインドセットを適用する」、第21章「アジャイルで使える人事制度を考案する」

顧客価値駆動のアジャイルエンタープライズの作り方

　第2章「顧客価値駆動企業を思い描く」、第6章「顧客を受け入れる」、第10章「発見的なマインドセットを適用する」、第11章「エンタープライズアイデアパイプラインを可視化する」、第12章「遅延コストに優先順位を付ける」、第13章「リーンキャンバスでアイデアを捕まえる」、第14章「顧客フィードバックを取り入れる」、第15章「要求ツリーを構築する」、第18章「ユーザーストーリーで協力する」、第19章「アジャイルな予算編成を推進する」、第20章「アジャイルの成功指標を適用する」

アジャイルな文化とマインドセット

　第4章「アジャイル銀河を構築する」、第5章「アジャイルの文化を活性化する」、第6章「顧客を受け入れる」、第7章「従業員を受け入れる」、第9章「学習する企業を構築する」、第10章「発見的なマインドセットを適用する」、第21章「アジャイルで使える人事制度を考案する」

アジャイルエンタープライズの運営

　第 5 章「アジャイルの文化を活性化する」、第 8 章「アジャイルエンタープライズにおける役割の進化」、第 9 章「学習する企業を構築する」、第 10 章「発見的なマインドセットを適用する」、第 11 章「エンタープライズアイデアパイプラインを可視化する」、第 12 章「遅延コストに優先順位を付ける」、第 13 章「リーンキャンバスでアイデアを捕まえる」、第 15 章「要求ツリーを構築する」、第 17 章「アイデアパイプラインをバックログに接続する」、第 19 章「アジャイルな予算編成を推進する」、第 20 章「アジャイルの成功指標を適用する」、第 21 章「アジャイルで使える人事制度を考案する」、第 22 章「アジャイルエンタープライズの物語」

要求の依存関係の構築と分解（アイデアからタスクまで）

　第 11 章「エンタープライズアイデアパイプラインを可視化する」、第 13 章「リーンキャンバスでアイデアを捕まえる」、第 15 章「要求ツリーを構築する」、第 16 章「アイデアをストーリーマッピングに分割する」、第 17 章「アイデアパイプラインをバックログに接続する」、第 18 章「ユーザーストーリーで協力する」

1.5　ピットイン、エクササイズ、参考文献

　本書には「アジャイルピットイン」が散らばっています。これは、その章の知見を提供するものです。また、現在扱っているトピックの目安にもなります。図 1-3 は、アジャイルピットインの例です。

> **アジャイルピットイン**
> 本書のいたるところに登場する「アジャイルピットイン」に注目してください。重要なアイデアやポイントを強調しています。

図1-3：アジャイルピットインの例

　本書では、トピックについて実際に試してみたり、深く考えたりするための「エクササイズ」を各章で提供しています。

　いくつかの章の最後には、その章で説明したトピックに関する「参考文献」を掲載

しています。あなたのアジャイルの旅が素晴らしいものとなり、本書から有益な情報を得て、効果的なアジャイル変革に導いて、大きなビジネスの成功につながることを願っています!

第 2 章

顧客価値駆動企業を思い描く

　　　　　顧客価値駆動企業が注力するのは、顧客が望むものを漸進的に学習・提供する
　　　　　ことである。

　　　　　　　　　　　　　　　　　　　　　　　　　　　　　　　—Mario Moreira

　「顧客価値駆動企業」とは何でしょうか？　これは、顧客が価値があるものと考えるもの、具体的に言えば、顧客が購入して使いたいと思うものに最適化している企業です。また、組織の内部プロセスを顧客価値に最適化している企業です。こうした企業は、顧客価値に結び付いていないプロセスや活動を取り除こうとします。簡単な例をあげると、マネージャーに提出する報告書は顧客価値とは直結しないので、取り除くべきでしょう。そこに時間をかけていては、顧客価値にフォーカスできません。

　顧客価値駆動企業で最も重要なのは、継続的な顧客フィードバックによる発見と、漸進思考の重要性を理解するマインドセットです。顧客価値駆動企業を支える仕組みのことを「顧客価値駆動（CVD：customer-value-driven）フレームワーク」と呼びます。このフレームワークは、プロダクトやサービスの開発の顧客が関与する部分に役立ちます。顧客が関与する部分とは、アイデアの特定と記録から、優先順位の明確化、洗練、実現、リリース、顧客価値のふりかえりまで、カスタマージャーニーのあらゆる場面のことです。したがって、本当の意味で顧客にエンゲージして、継続的に

フィードバックを手に入れることが重要なのです。

　CVD フレームワークは、顧客価値を学習する発見的なマインドセットにも依存しています。漸進的かつ頻繁にデリバリーすることの重要性を強調することで、現在のアジャイルプロセス、プラクティス、テクニックを活用し、顧客が望まないものを提供するリスクを最小限に抑えています。また、CVD フレームワークは、適応型のアジャイルな予算経営を導入しています。これは、顧客価値の高いアイデアと、それを動作するプロダクトとして構築できるチームに予算が行き渡るように、顧客や市場との接点をタイミングよく確保しておくというものです。

アジャイルピットイン
顧客価値駆動（CVD）フレームワークは、デリバリーするものが顧客にとって価値があるように、継続的に顧客フィードバックを適用することにフォーカスしたものです。

　顧客価値の特定や創出につながらないプロセスを発見するだけでなく、変化を制限しているプロセスも排除する必要があります。顧客価値に無関係なプロセスや関係が薄いプロセスもあれば、顧客価値を理解するためのシグナルを制限・遅延・無視するようなプロセスもあります。

　CVD フレームワークの中心部には、顧客価値エンジンが搭載されています。顧客価値エンジンは、実際の顧客に近づくことの重要性と、発見的なマインドセットや実験思考の重要性を強調するものです。また、組織で確実性を高めすぎることの弊害も強調しています。最初に認識した価値を深く理解するために前提を疑うことを楽しんだり、組織に負担をかけるような企業プロセスを排除したりもします。

　ただし、これからすぐに CVD フレームワークを使うわけではありません。なぜなら、顧客にエンゲージしてフィードバックを収集する、文化やマインドセットのほうを重視しているからです。ここでの目的は、顧客が価値があると考えるものや、それを提供する組織の内部プロセスを最適化するために、顧客エンジンを実行できる組織を作ることです。

2.1 顧客価値駆動エンジン

　企業の目的は、アイデアからデリバリー、さらには回顧まで、すべてのステップにおいて、本当の意味で顧客にエンゲージする意識を持つことです。このエンジンの推進システムには、現在の顧客や潜在顧客をペルソナで学習すること、顧客からアイデアを得ること、プロダクト開発中も顧客から継続的にフィードバックを受け取ること、顧客にデリバリーすること、実際の顧客データ（販売データや利用データ）を受信すること、市場に投入後は次のステップを理解するために顧客価値の状況を把握すること、などにフォーカスした活動が含まれます。このことを、ビジネスを実行するための「CVD エンジン」と呼んでいます（図 2-1）。

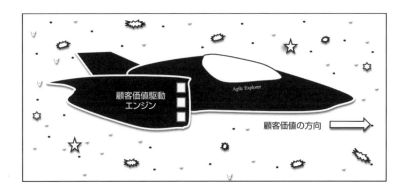

図2-1：CVD エンジン

　このエンジンを稼働させるには、2 つの重要な貢献者が必要です。それは「エンゲージされた顧客」と「エンゲージされた従業員」です。エンゲージされた顧客がいれば、顧客価値の方向に向かって進むことができます。エンゲージされた従業員がいれば、エンジンの保守ができるので、高速かつ高品質に価値を提供できます。すべての推進システムが機能すれば、エンジンがうまく稼働して、顧客価値を提供できる成功率が高まります。推進システムが 1 つでも欠損・停止すれば、エンジンの成功率は低下し、顧客に提供する潜在的な価値も低下します。

　顧客価値の提供に関係のない重苦しいシステムに、エンジンの馬力が使用されることがないように気を付けましょう。つまり、すべての馬力が顧客価値の提供につながるようなエンジンを構築すべきです。

2.2 確実性から遠ざかる

　多くの組織では、確実性があるかのように行動する必要があります。実際、組織における立場が高くなればなるほど、確実に行動することが求められるようになります。「高給を支払っている」という言葉には、「立場が高い人はすべての答えを知っている」という意味が含まれています。確実性は顧客価値を獲得するときのアンチパターンであり、CVDエンジンの燃料にはなり得ないものです。

　自身のキャリアのために「偽りの確実性」にもとづいて行動すべきだと考える人もいます。あるいは「傲慢な確実性」を自分に言い聞かせ、答えや解決策を把握していると思い込みながら、確固たる証拠を示せない人もいます。残念なことに、この「傲慢な確実性」が「自信」と受け取られることもあります。そして、企業を成功から遠ざけていくのです。ナシム・ニコラス・タレブ[1]は、これを「認識的傲慢」と呼びました。自分が知っていると思っていることと、実際に知っていることには違いがあるというものです。そして、その違いが傲慢を生むのです。

アジャイルピットイン
「偽りの確実性」や「傲慢な確実性」を持つ人たちは、間違った自信を持っています。それによって、企業が成功から遠ざかる可能性が高まっています。

　企業の内部に確実性がはびこっている理由は、最終的な成果に到達するまでに時間がかかるからです。初期の確実性から実際の最終結果までの過程の説明責任が果たされていないのです。そして、確実な結果が出なかったのは、ソリューションをきちんと構築・実装できる人材が足りなかったせいだ、という言い訳がなされます。

　真実は、最終的な成果に到達するまでの中間地点にあります。確実性は企業にとっては危険な考え方です。なぜなら、真実をきちんと認識することや、顧客フィードバックループなどから顧客価値につなげる「発見的」なマインドセットを企業に適用する機会を奪ってしまうからです。

　逆に、分析マヒに陥ってしまい、不確実性を残すようなことも避けたいところです。

---

[1] 『ブラック・スワン―不確実性とリスクの本質』(ダイヤモンド社)

そのためには、タイミングよく効果的に意思決定ができるように、顧客フィードバックループを使いながら漸進的に取り組むべきです。顧客フィードバックは、意思決定のための証拠を提供してくれます。漸進的なマインドセットを適用すれば、小さく実行しやすい実験が可能になり、すばやく適応することができるようになります。

2.3 価値に適応する

もっと健全で現実的なアプローチは、不確実性は賢明な出発点であり、そこから確実性を高めるべきだと理解しているリーダーを選ぶことです。プロダクトライフサイクルの初期には、手に入る顧客情報や確実性が少ないのが現実です。したがって、情報や確実性に制限があることを認め、発見と事実構築のアプローチで顧客価値に近づくことが、あなたには求められます。新しいアイデアや機能を構築するために、顧客や顧客のニーズについて学ばなければいけないのは、このような理由からです。

アジャイルピットイン
発見的なマインドセットを持ち、顧客・技術・市場の確実性は、価値の仮説・テスト・適応によってのみ引き出されることを理解している人を採用しましょう。

確実性を発見するエクササイズ
部下のなかで、誰が「偽りの確実性」や「傲慢な確実性」のマインドセットを持っていて、誰が発見的や漸進的なマインドセットを持っているかを見極めましょう。あなたが目指すべきは、確実性は出発点ではなく、追い求めるものであるという文化を構築することです。

2.4 前提を疑う

顧客が価値があると考えるアイデアが見つかったときには、まだ表に出ていない前提が数多く存在するものです。これらの前提を顧客価値のアイデアと結び付け、厳密に探索していくことが重要です。多くの場合、前提は間違っており、実際よりも思いついたアイデアに価値があると思い込んでしまいます。これによって、顧客に価値を

もたらさない作業が生み出されたり、変更の選択肢をすぐに見限ってしまったり、有益な顧客フィードバックを無視したりすることにつながります。

　顧客価値の前提を疑うことで、最終的な価値までの進捗を合理的に議論できるようになります。自分が知っていると思っていることと、実際に知っていることを区別することができます。前提について議論することにより、そのときの主な不確実性が明らかになります。こうした不確実性を強調することにより、前提を検証する方法を考えるための情報が入手できます。前提について話し合うことで、アイデアに関わる人たちが、可能性のある顧客価値と事前の作業を理解できるようになります。

アジャイルビットイン
前提を疑うことで、最終的な価値までの進捗を議論できます。自分が知っていると思うことと、実際に知っていることを区別することができます。

　先ほど「偽りの確実性」や「傲慢な確実性」について触れました。確実性がどこから来たかを明らかにするには、そうした思考につながる前提を疑うことです。確実性のシグナルが多すぎて、企業が無視するようになると非常に危険です。価値の低い作業を選ぶようになってしまうからです。

前提を認識するエクササイズ
仕事の価値について議論している人たちを観察しましょう。前提に関する議論や、価値の前提を疑う行為に注目しましょう。議論が少なければ、いくつかのことを示しています。まずは、関心が薄いということです。これは、仕事の手を抜いているか、声に出すのをためらっているか、わざわざ事を荒立てたくないか、積極的に議論すべきであることを知らないかのいずれかでしょう。根本原因を理解しましょう。第12章では、前提を疑うプロセスがどのように役に立つのか、断定的でありながら友好的に疑うにはどうすればいいかを説明します。

2.5　企業の体重を減らす

　価値駆動企業では、顧客価値に直接結び付かないプロセスや活動を取り除くことが重要です。ここでの目的は、顧客価値の提供にフォーカスした顧客価値エンジンを構築することであり、付加価値のない活動を重視することではありません。これらが組

織の内部プロセスに最適化されていたり、それ自体が目的になっていたりすると、取り除くことは困難です。

　組織が最適化しているものを把握することが重要です。組織に重苦しいプロセスはありますか？　顧客価値を提供せずに、自分たちの都合でプロセスを押し付ける部門を見たことがあります。マネジメントの承認が何階層にもおよぶところもありますが、1つだけ（またはゼロ）にすべきです。

アジャイルピットイン
組織が何に最適化しているかを把握することは重要ですか？　それは顧客ですか？　それとも内部プロセスや現状維持ですか？

　間違った方向に進んでいることが顧客フィードバックによって明らかになっているのに、内部のガバナンスやプロセスによってフィードバックが抑制・無視されてしまい、当初の計画どおりに進めなければいけなかった、という状況を何度となく目にしてきました。いくら声を上げたとしても、こうした「管理」は顧客価値ではなく、プロセスの最適化を重視します。したがって、アジャイルソフトウェア開発宣言にある「計画に従うことよりも変化への対応を」という価値が非常に重要なのです。

　自分の影響力を広げることに熱心な人はいませんか？　あなた（や組織の人たち）は、顧客満足のためではなく、現状維持、ボーナスの確保、権力の保持のために内部を最適化しようとしていませんか？　部分最適化された文化に固執した人たちは、手遅れになるまで変化の必要性に気づくことはありません。ですが、こうした行動を続けることが組織で容認されており、報酬も与えてられているのでしょう。だからこそ、こうしたマインドセットを変えることが必要不可欠なのです。

　アジャイルを導入するときに、付加価値のない作業を認識していないことがよくあります。付加価値のある作業であれば、動作するプロダクトを生み出すために顧客から要求・検証されるでしょう。しかし、付加価値のない作業は、顧客が認識できる価値がありません。付加価値のない作業のなかには、特に価値が低いものもあります。付加価値のない作業をすべて排除するわけではありませんが、できるだけリーンになるようにしましょう。図2-2に示すように、重い組織プロセスや付加価値のない作業を排除していくと、企業を高速かつリーンに変えていくことができます。

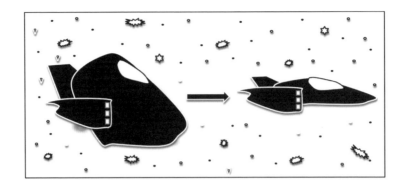

図2-2：重いプロセスや付加価値のない作業を排除すると高速かつリーンな企業になる

価値を重視するエクササイズ

マネジメントや従業員を観察して、行動や付加価値のない作業への関与を見てみましょう。彼らのプロセスや活動は、顧客価値の提供に少しでも利益をもたらしていますか？ それとも社内ニーズの最適化につながっていますか？ 組織のプロセスは、提供した顧客価値で評価する必要があります。あなたは何を観察しますか？

2.6 顧客価値に近づくマネジメント

　シニアおよびCレベルのマネージャーは、プロダクトオーナー、営業担当者、マーケティング部門、プロダクトの開発チームと同じくらい、顧客価値に近づかなくてはいけません。私がこれまで在籍したことのある組織では、マネジメントや重要な役職の方々が、チームの開発したプロダクトを見ていなかったり、対象となる顧客に出会っていなかったりすることがありました。企業に数十ものプロダクトがある場合は、すべてのプロダクトは無理かもしれません。それでも、イノベーションへの投資も考慮して、5～10のプロダクトには触れておくべきでしょう。

　その鍵となるのは、従業員と顧客のギャップを埋めることです。「2次の隔たり」のルールは、従業員と顧客の距離を判断する有効な手段となります。2次の隔たりとは、図2-3に示すように「顧客とつながっている従業員とあなたが（従業員として）つながっている」というものです。

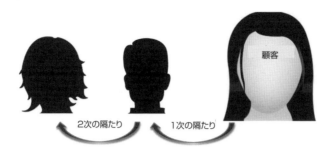

図2-3：2 次の隔たり

　従業員が顧客から離れていくと、顧客が価値があると考えるものを理解できなくなります。顧客価値を理解している従業員が少なくなると、仕事や意思決定において顧客価値を考慮する可能性が低くなります。さらには、自分の仕事に対して部分最適化することにつながります。

　ここでの目的は、すべてのシニアおよびCレベルのマネージャーが、チームが構築しているプロダクトを目にしたり、対象となる顧客に出会ったりすることです。たとえば、スプリントレビューで実施されているプロダクトのデモに参加したり、顧客諮問委員会に出席したり、プロダクトを使用している顧客を訪問したりすることが考えられます（もちろんこれらに限定するものではありません）。

 顧客に近づくエクササイズ
以下の2つの質問をしてみてください。頭のなかで考えただけでも、明らかになることがあるはずです。

- 企業の有力なプロダクトのデモに何人のリーダーが参加しましたか？ 告げ口のように聞こえるかもしれませんが、リーダーたるもの企業の有力なプロダクトについては、自ら自信を持ってデモできるようになるべきだと私は思います。
- すべての（階層や部門の）従業員に「あなたの仕事は顧客価値の提供と関係がありますか？」と聞いてみましょう。この質問の目的は、顧客までの隔たりと、自分の仕事と顧客価値との関係性のレベルを認識してもらうことです。

2.7　顧客価値の文化に最適化しているか？

　真のアジャイルな企業となり、それがもたらすビジネスメリットを達成するには、顧客価値を最重要とする文化に移行することが重要なステップです。CVD フレームワークと顧客価値エンジンを適用することで、企業の馬力を顧客価値の提供に重点的に傾けることができます。

　顧客価値のエンジンを持つ意味、発見的なマインドセットの利点、早すぎる確実性のリスク、体系的に確実性を獲得する戦略、初期に認知した価値を理解するために前提を疑うこと、組織に負担をかける重苦しい企業プロセスと付加価値のない活動を排除する必要性に注目しましょう。そして、大事なことを言い忘れていましたが、マネジメントを実際の顧客に近づけることにフォーカスしましょう。

　変化の必要性を認識するには賢いリーダーが、顧客に最適化した変化を実現するには強いリーダーが必要です。そのためには、企業全体が顧客と 1 次または 2 次の隔たりになる必要があります。したがって、現在のマネージャーの才能と個人の貢献を見直す必要があるでしょう。

　自分に対して最適化していませんか？　仕事に偽りや傲慢な確実性を持ち込んでいませんか？　顧客価値を重視した活動に従事していますか？　顧客価値の代わりに付加価値のない活動を促進・容認していませんか？　自社のプロダクトを実際に見たり操作したりしていますか？

　これらの質問に対する答えが、企業の理解に役立ちます。企業を理解できれば、顧客価値駆動企業に適応していくことができます。

2.8　参考文献

- "The Lean Startup: How Today's Entrepreneurs Use Continuous Innovation to Create Radically Successful Businesses" by Eric Ries, Crown Business, September 12, 2011（邦訳『リーン・スタートアップ』日経 BP 社）
- "The Black Swan: The Impact of the Highly Improbably, Second Edition", by Nassim Nicolas Taleb, Random House, May 11, 2010（邦訳『ブラック・スワン ─ 不確実性とリスクの本質』ダイヤモンド社）

第 3 章

ビジネス成果を達成する

> アジャイルのためにアジャイルを実現するわけではない。アジャイルを実現するのは、優れたビジネス成果を達成するためである。
>
> —Mario Moreira

　私はアジャイル、あなたもアジャイル、みんながアジャイル。誰もがそう考えています。でも、本当ですか？　その「アジャイル」が構造的なプロセスのことであれば、本当のアジャイルではありません。その「アジャイル」に継続的な顧客フィードバックがなく、偽りの確実性を抱えているなら、本当のアジャイルではありません。その「アジャイル」が上からの命令で、チームにオーナーシップがないのであれば、本当のアジャイルではありません。残念ながら、巷の「アジャイル」はアジャイル以外の何かです。

アジャイルピットイン
アジャイルに移行するのは、アジャイルの目的地に到達するためではありません。優れたビジネス成果を達成可能にするためです。

　アジャイルに移行するのは、アジャイルのマイルストーンに到達するためではあ

りません。それは目的地ではなく、優れたビジネス成果を達成可能にするものです。CVDフレームワークの一部であるアジャイルの文化とプラクティスは、適応型のマインドセットを提供することで、顧客価値を漸進的に発見・提供できるようにします。アジャイルのプロの世界を旅してきた私は、ビジネス成果の化学反応を実現する3つの主要成功要因を特定しました（図3-1）。

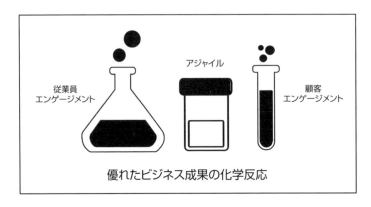

図3-1：「アジャイル」に「エンゲージされた顧客」と「エンゲージされた従業員」を加えれば「優れたビジネス成果」になる

　第1の成功要因は、アジャイルの価値と原則に（端から端まで、上から下まで）もとづいた、アジャイルなマインドセットを適用することです。これは、あなたの状況や環境に最適なプラクティスを用いて、顧客価値にフォーカスしたものです。第2の成功要因は、顧客が価値があると考えるものを学ぶために、顧客にエンゲージすることです。第3の成功要因は、その価値を生み出す従業員にエンゲージすることです。「アジャイル」と「従業員エンゲージメント」と「顧客フィードバック」を組み合わせたものを、私は「アジャイルな顧客価値駆動文化」と呼んでいます。これが、優れたビジネス成果を生み出す化学反応の組み合わせです。

3.1　アジャイルの価値と原則を受け入れる

　「アジャイル」とは何でしょうか？　ほとんどの人たちは、プロセスやプラクティス、あるいはツールだと考えています。ですが、アジャイルはそのどれでもありません。**アジャイルとは、価値と原則に他なりません**。成功に関して言うならば、アジャ

イルは従業員の力と顧客からのフィードバックを利用して、頻度の高いデリバリーを可能にするものです。

本章では、アジャイルの価値と原則を思い出してもらいたいという考えから、改めて説明しています。アジャイルな状態を真剣に理解したいと思い、本当に「アジャイルになる」ことを望んでいるのなら、「アジャイルソフトウェア開発宣言」を読んで自分のものとすることが重要です。

アジャイルソフトウェア開発宣言の「ソフトウェア」という言葉は、状況に応じて「プロダクト」や「サービス」に置き換えても構いません。アジャイルの反復的・漸進的な特性は、ソフトウェア以外でも創造的な仕事や知識労働であれば、それがプロダクト、サービス、その他の作業であっても、うまく機能するからです。

以下に「アジャイルソフトウェア開発言言」の全文を掲載します。短い文章ですが、2001年に17人の識者によって署名されたものです。

アジャイルソフトウェア開発宣言

私たちは、ソフトウェア開発の実践
あるいは実践を手助けする活動を通じて、
よりよい開発方法を見つけだそうとしている。
この活動を通して、私たちは以下の価値に至った。

プロセスやツールよりも個人と対話を、
包括的なドキュメントよりも動くソフトウェアを、
契約交渉よりも顧客との協調を、
計画に従うことよりも変化への対応を、

価値とする。すなわち、左記のことがらに価値があることを認めながらも、私たちは右記のことがらにより価値を置く。

http://agilemanifesto.org/iso/ja/manifesto.html

最後の言葉から、署名者たちの意図を理解できます。つまり、左側のことに価値がないと言っているわけではなく、右側のほうが価値が高いと言っているのです。適切なバランスを取ることが重要です。あなたもアジャイルになるにつれて、右側に向かっていることを実感するはずです。

アジャイル宣言の背後にある原則

私たちは以下の原則に従う：

顧客満足を最優先し、
価値のあるソフトウェアを早く継続的に提供します。

要求の変更はたとえ開発の後期であっても歓迎します。
変化を味方につけることによって、お客様の競争力を引き上げます。

動くソフトウェアを、2～3 週間から 2～3 か月という
できるだけ短い時間間隔でリリースします。

ビジネス側の人と開発者は、プロジェクトを通して
日々一緒に働かなければなりません。

意欲に満ちた人々を集めてプロジェクトを構成します。
環境と支援を与え仕事が無事終わるまで彼らを信頼します。

情報を伝える最も効率的で効果的な方法は
フェイス・トゥ・フェイスで話をすることです。

動くソフトウェアこそが進捗の最も重要な尺度です。

アジャイル・プロセスは持続可能な開発を促進します。
一定のペースを継続的に維持できるようにしなければなりません。

技術的卓越性と優れた設計に対する
不断の注意が機敏さを高めます。

シンプルさ（ムダなく作れる量を最大限にすること）が本質です。

最良のアーキテクチャ・要求・設計は、
自己組織的なチームから生み出されます。

チームがもっと効率を高めることができるかを定期的にふりかえり、
それにもとづいて自分たちのやり方を最適に調整します。

http://agilemanifesto.org/iso/ja/principles.html

アジャイルの原則と連携するエクササイズ
みんなでアジャイルの原則について考えてみましょう。同意できる原則、同意できない原則はありますか？ また、その理由は何ですか？ どうすれば企業はこれらの原則を促進・適応できますか？

プロセスとプラクティスによるアジャイルの実現

　アジャイルのプロセス、方法論、プラクティス、テクニックの目的は、アジャイルの価値と原則を取り入れて、それを実践しようとすることです。つまり、**アジャイルになっていく**なかで、企業はアジャイルの価値と原則を受け入れ、それらを支援するアジャイルのプロセス、プラクティス、テクニックを導入し、顧客価値を漸進的に提供する必要があります。

　アジャイルのプロセスや方法論には、スクラム、エクストリームプログラミング（XP）、DSDM、FDD、テスト駆動開発（TDD）、リーンソフトウェア開発、カンバン、SAFe、DAD、リーンスタートアップ、VFQ などがありますが、本書では「CVD フレームワーク」を紹介します。これは、プロダクトの旅のすべての側面（アイデアの発想、記録、優先順位の設定、洗練、実現、リリース、顧客価値の回顧）において、顧客に対するエンゲージを重視した発見的で漸進的なアプローチを適用するものです。

　さらには、革新的なアジャイルプラクティスをアジャイル銀河のさまざまな部分に適用することで、企業のあらゆるレベルでアジャイルが実行されるようになります。これにより、現在のアジャイルのプロセスやプラクティスを生み出したイノベーターたちがこれまで整えてくれた基盤がますます広がります。本書でプロセス、フレームワーク、プラクティスなどを取り上げるときは、取り上げていないものよりも、それらのほうが優れていると意味しているわけではありません。唯一の正しいプロセスや方法論があるわけではありません。仕事の環境や種類に合っているものが見つかれば、それがその企業にとって最適なものなのです。私のゴールは、企業が効果的に顧客価値を発見・提供できるように、あなたがアジャイルの複数のコンセプト、マインドセット、プロセス、プラクティス、テクニックを活用して、企業をうまく支援できるようになることです。

3.2　顧客と従業員に対するエンゲージメント

　ビジネスの成功要因は、企業の内部や周囲にいる人たちのエンゲージメントのレベルです。言い換えれば、顧客と従業員にエンゲージする文化を持っているかということです。巷で流行っている「リップサービス」として言っているのではありません。あなたも従業員の権限が奪われていたり、顧客にほとんどエンゲージしていなかったり

と、正反対の実情を目の当たりにすることもあるでしょう。顧客と従業員にエンゲージすることから得られる利点を、本当の意味で享受できる文化やプラクティスを持つことが目的です。「従業員エンゲージメント」と「顧客フィードバック」を適用できれば、アジャイルな文化から力を引き出し、成功する企業になれるはずなのです。私はそう主張しているのです。

第2章で紹介した顧客価値エンジンを作るとすれば、従業員は顧客価値エンジンの整備士になり、顧客は操縦士になります。顧客や従業員のエンゲージメントが足りなければ、企業はどこにも行けません。あるいは、間違った方向に進んでしまいます。両者のエンゲージメントが高まれば、その分だけよい方向に進んでいけます。

アジャイルピットイン
エンゲージされた顧客は顧客価値エンジンの操縦士であり、権限を与えられた従業員は顧客価値エンジンの整備士です。

顧客に真剣にフォーカスすると、顧客が望むことを深く理解できるような関係性を構築できます。しっかりと従業員にフォーカスして、仕事のオーナーシップと意思決定権を与えると、エンゲージされた従業員がもたらす価値を理解できるようになります。顧客と従業員に対するエンゲージメントの方法については、第7章で説明します。

3.3 成果にフォーカスする

「アジャイルになる」ことを最終ゴールにすべきではありません。それは、目的を達成するための手段です。最終ゴールは、優れたビジネス結果を達成するという成果です。したがって、アジャイルのマインドセットやプラクティスは、優れたビジネス結果の達成を実現するものでなければいけません。アジャイルになることに夢中になっていると、この最終ゴールを忘れてしまいます。成果となるのは、特定のアクションの結果です。アジャイルの導入であれば、アジャイル変革の結果になるでしょう。アジャイルに移行するには、スキル、プロセス、文化の変化が必要であり、そのためには労力が伴います。労力をかけるときに重要なのは、それによって最終的に企業が優れた成果を達成することです。

アジャイルビットイン
顧客が欲しいものを提供することにフォーカスするのであれば、結果よりも成果を計測することに移行する必要があります。

　優れたビジネス成果を達成するには、顧客が望むプロダクトを提供しなければいけません。このときの結果は、デリバリーの有無やリリースの回数です。成果となるのは、どれだけ多くの顧客がプロダクトを使用・購入したかです。多くの場合、結果のほうが重視されます。そのほうが計測しやすかったり、過去のマインドセットを引き継いでいたりするからです。

　結果にフォーカスすると、成果が少ないのに結果ばかり多くなる危険性があります。成果はビジネスの成功の原動力です。図3-2を見ると、結果としては第4四半期が最も優れてるように思えます。しかし、成果のグラフを見ると、第4四半期の収益は2万ドルですが、第3四半期の収益は8万ドルなので、第3四半期が最もよかったということになります。リリースが4回という「結果」はよさそうに思えますが、2万ドルは好ましいビジネス「成果」ではありません。成果を扱うのであれば、これまでとは異なるもの（特に顧客価値）を計測する必要があります。

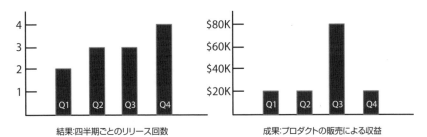

図3-2：結果と成果の計測

　成果にフォーカスするようになれば、いくつかのビジネス上の利点があります。成果は仕事の影響（顧客数や販売数など）を扱います。リリースしたからといって（結果があるからといって）、必ずしも販売数にプラスの影響があるわけではありません。成果にフォーカスすると、視点が内部から顧客や外部に変わります。こうすることで、CVDの世界で確立すべきものがさらに理解できるようになります。企業の経営に役

立つ成果の計測については、第 20 章を参照してください。

3.4　成功のレシピを持っているか?

アジャイルに移行することは、アジャイルのマイルストーンを達成することではありません。アジャイルと CVD フレームワークは、優れたビジネス成果を達成するためのものです。アジャイルへの移行は、顧客と顧客が価値だと考えるもの、その価値を生み出すエンゲージされた従業員にフォーカスした文化への移行です。それはマインドセットの移行です。

次に、アジャイルの実現に必要なものを追加して、それがもたらす継続的かつ適応的な特性を取り入れます。その結果、顧客満足度の向上や顧客収益の増加などの成果につながります。他の組織と比べたときに、成功につながる差別化要因になるでしょう。あなたは成功のレシピを持っていますか？　このレシピは、アジャイル（文化）と従業員エンゲージメントと顧客エンゲージメントを材料にして、優れたビジネス成果を味わうためのものです。レシピの材料については、以降の章で詳しく説明します。

3.5　参考文献

- アジャイルソフトウェア開発宣言（http://agilemanifesto.org/）

第4章
アジャイル銀河を構築する

> アジャイルになってビジネス成果をもたらすというのは、上から下まで、端から端まで、アジャイルの環境を広げる必要があるということを意味する。
>
> ―Mario Moreira

　アジャイルは十数年以上にわたり注目を集めてきました。アジャイルはソフトウェア開発コミュニティでの地位を確立していますが、現在では多くのビジネス領域にまで広がっており、その漸進的な特性やビジネス成果が求められています。反復的なアプローチによって、顧客のニーズや継続的な市場の変化に柔軟に対応できることを、多くの人たちが認識しているのです。仕事の場で何度も耳にするようになり、乗り遅れてはいけないと思い、アジャイルを適用する人たちもいます。さまざまな理由により、アジャイルを適用することで大きな利益を得ようとしているのです。

　簡単のように思えるかもしれませんが、アジャイルの環境を確立してビジネス成果を達成するには、アジャイルのプロセス、役割、最も重要な文化の組み合わせが必要です。アジャイルがうまく機能するには、企業のすべてのレベルがアジャイルの旅において役割を果たし、顧客価値の提供に向けて行動しなければいけません。この旅には、アジャイルの文化とプラクティスをすべてのレベルに適用することが含まれます。

　最後に、アジャイルを確立することには、強力な文化的要素の意味が含まれます。

アジャイルピットイン
ビジネス成果を上げるには、アジャイルのプロセス、役割、最も重要な文化の組み合わせが必要です。

これは、顧客価値駆動のアプローチに本当の意味でフォーカスするために、個人と組織がどのように行動するかに注目するということです。アジャイルのプロセス、プラクティス、テクニックと、それらが果たす役割は、アジャイルな文化の文脈で実施されるべきものであり、その文脈は企業のあらゆるレベルに存在すべきものなのです。

4.1 アジャイル銀河の環境

　企業を見渡しながら、アジャイルが適用できそうな環境を構築しておくことが重要です。こうした環境のことを私は「アジャイル銀河」と呼んでいます（図4-1）。顧客価値の提供にフォーカスしたアジャイルのすべてのプロセス、役割、文化が、このアジャイル銀河に息づいています。ここを見れば、アジャイルを適用しているところが

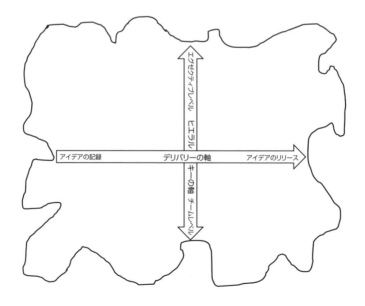

図4-1：アジャイル銀河：アジャイルの文化とプラクティスのための環境

わかりやすくなります。

　アジャイル銀河の縦軸は「ヒエラルキーの軸」です。ここでは、エグゼクティブが一番上、チームは一番下にあります（逆になることもあります）。横軸は「デリバリーの軸」です。アイデアが記録されてから、リリースして回顧するまでの作業の流れを示しています。デリバリーの軸は、企業が顧客価値の提供にフォーカスしたチャネルです。

　アジャイル銀河の図を作る目的は、アジャイルの要素（コンセプト、マインドセット、プラクティス、プロセス、テクニックなど）を適用するヒエラルキーとデリバリーの両方の軸と、そこから生じる環境について理解するためです。どこにアジャイルが導入されていますか？　どのようなプラクティスが適用されていますか？　どのあたりにアジャイルな文化と振る舞いが導入されていますか？

　あなたがアジャイル変革の途中でも、これから旅を始めるところであっても、アジャイル銀河と企業を関連付けることは有益です。アジャイルがどこで発生しているのか、次にどこにフォーカスすべきなのかを理解するのに役立ちます。アジャイル変革を漸進的に進めるのは非常に合理的です。インクリメント（増分）ごとに導入したプラクティス、役割、文化の状態をアジャイルの観点から評価するのです。アジャイルの発生場所を示したヒートマップのようなものかもしれません。それがインクリメントを計画するときのインプットになり、次の目標地点を示してくれます。みなさんもアジャイル銀河を念入りに探索してみましょう。

4.2　アジャイル銀河の全体的なプロセスビュー

　アジャイル銀河を構築する目的は、顧客価値の提供にフォーカスしながら、企業のあらゆるレベルにアジャイルを適用することです。とはいえ、まずはチームレベルから始めるのが一般的でしょう。最初の約十年間のアジャイルがチームにフォーカスしていたことを考えれば、別に驚くことではありません。その理由はいくつもあります。

　初期から現在までの多くのアジャイルのプロセス、プラクティス、テクニックの進化は、主にチームレベルにフォーカスしています。したがって、アジャイルの要素のなかでデリバリーの軸の最初のところ（アイデアの記録や洗練）にフォーカスしたものはほとんどありません。行動やマインドセットに関するアジャイルの文化は、あま

りフォーカスされていないのです。アジャイルコーチの多くはチームレベルの経験がほとんどで、エンタープライズレベルの経験を十分に持つ人はほとんどいません。マネジメントが自らアジャイルになることにコミットせず、チームにだけアジャイルになることを要請するのは、非常に簡単なことです。

アジャイルピットイン
多くの組織は、今でもアジャイルに対してチーム中心の見方をしています。

こうした理由から、アジャイルプラクティスの多くはアジャイル銀河の右下で発生しています。企業はアジャイルをチーム中心の観点で見ているため、チームレベルのアジャイルの要素ばかり持っています。したがって、ヒエラルキーの軸をミドルマネジメントやシニアリーダーまで引き上げたり、アイデアに価値をもたらすデリバリーの軸を開始地点まで戻したりすると、アジャイルの要素は少なくなっていきます。

図4-2は、アジャイル銀河におけるチーム中心のアジャイルを示したものです。丸印はプロセス、プラクティス、テクニックなどを表していますが、特定のアジャイル

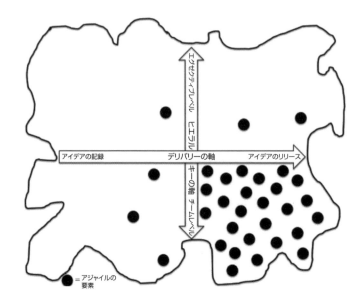

図4-2：チーム中心のアジャイル銀河におけるアジャイルの要素

の要素というよりも、チーム中心のアジャイルでよく使われていることを示しているものだと思ってください。

　組織の上部がアジャイルではない場合、チームがアジャイルに行動しようとしても難しいでしょう。ヒエラルキー軸に沿ったマネジメントと、デリバリー軸に沿ったアイデアの記録・洗練の両方が、作業を「大きなバッチ」と認識している場合、チームが漸進的で適応型の視点を用いることは難しいでしょう。年次予算のサイクルで企業が運営されており、アイデアの記録と回顧が年に一度しか行われない場合、新しいアイデアが生まれたとしても、チームが顧客ニーズや市場に答えることは難しいでしょう。

> **アジャイルピットイン**
> 企業のある部分を年に一度の単位で動かし、別の部分を反復的かつ漸進的に動かすと、両者にペースに違いが生じます。それによって、システムの内部に緊張状態が引き起こされ、それが適応力やイノベーションの阻害要因となります。

　包括的で健全なアジャイル銀河では、企業がヒエラルキー軸とデリバリー軸の両方で、銀河全体にアジャイルの要素を持っています。このように、コンセプト、マインドセット、プラクティス、プロセス、テクニックがすべて適用されているのが本当の「アジャイル」であり、一部だけがアジャイルで、それ以外の部分が従来型のやり方をしていると、ペースに違いが生じ、緊張状態が生まれてしまいます。

　包括的で健全なアジャイル銀河では、アジャイルの要素がすべての象限に存在しています。図4-3がその状況を示しています。チーム中心の図4-2と比較してみましょう。ヒエラルキー軸の上側やデリバリー軸の前方側にも、アジャイルの要素が存在することに注目してください。

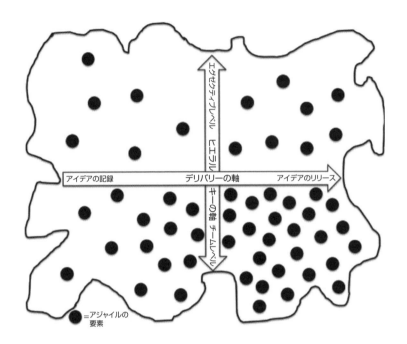

図4-3：包括的で健全なアジャイル銀河におけるアジャイルの要素

チームレベルを超えた新しいプロセスやプラクティスも生み出されています。ただし、それらによってもたらされるビジネス成果を最大限に活用するには、企業のアジャイルの取り組みに根本的な転換が必要です。

> **あなたのアジャイル銀河の要素を調べるエクササイズ**
> アジャイルの要素（プロセス、プラクティス、ツール、テクニック）は企業のどのレベルに適用されていますか？ 図 4-1 を参考にして、あなたの現在のアジャイル銀河の図を作成してください。

4.3　アジャイル銀河の役割

　包括的で健全なアジャイル銀河では、アジャイルプロセスの要素と同じように、企業のすべてのメンバーがアジャイルの文脈で自らの役割を果たしています。つまり、デリバリー軸とヒエラルキー軸に存在しているすべての役割が、顧客価値の提供に貢献しているのです。役割を果たす人たちは、アジャイルのコンセプト、マインドセッ

ト、プロセス、プラクティス、テクニックを適用しています。

多くの企業のアジャイルはチーム中心なので、チームレベルの役割を果たす人たちだけは、アジャイルのコンセプト、プロセス、プラクティスをうまく適用しています。しかし、企業におけるマネジメントや運営（人事、財務、マーケティングなど）の役割の人たちは、アジャイルや漸進的な顧客価値駆動の場面では、あまり重要な役割を果たしていません。

図4-4は、チーム中心のアジャイルの役割を示しています。小さな丸印は企業にいる人間を示しており、それぞれがアジャイルなやり方で自らの役割を果たしています。

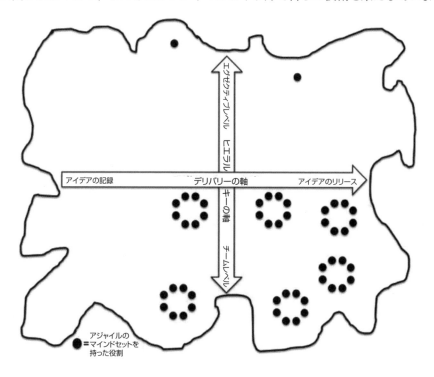

図4-4：チーム中心のアジャイル銀河における役割

図4-4を見ると、アジャイルに精通したCEOやエンジニアのトップがいる企業があることがわかります（ヒエラルキー軸の上部にある2つの丸印）。しかし、こうした組織であっても、ミドルマネジメントレベルでアジャイルの合意形成ができているところは、ほとんどないか、まったくないところがほとんどです。アジャイルに関わっている役割がいる一方で、従来のやり方やコマンドアンドコントロールに関わってい

る役割がいると、仕事のオーナーシップやペースに緊張状態が生じてしまいます。

> **アジャイルピットイン**
> 興味深いことですが、アジャイルに精通したCEOやエンジニアのトップがいるところでも、ミドルマネジメントレベルではアジャイルの合意形成がなされていないところがほとんどです。

包括的で健全なアジャイル銀河には、アジャイルを適用して顧客価値を提供する役割を担っている人たちが、すべての象限に存在します。チーム中心のアジャイル銀河を示した図4-4と比較できるように、図4-5に包括的で健全なアジャイル銀河を示しておきます。

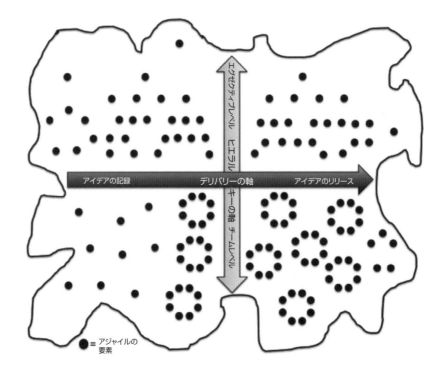

図4-5：すべての役割がアジャイルになっている包括的で健全なアジャイル銀河

アジャイル変革では、組織のすべての機能が役割を果たさなければいけません。それぞれの役割や職務は、顧客のニーズや市場の変化にすぐに適応できるように編成すべきです。アジャイルの環境でどのような役割と責任が求められるかを理解するには、

第 8 章を読んでください。

> **アジャイル銀河における役割を設定するエクササイズ**
> アジャイルに関わっていて、顧客価値の提供にフォーカスしている役割には、どのようなものがありますか？ 図 4-1 を使用して、あなたのアジャイル銀河における役割を設定してください。

4.4　あなたのアジャイル銀河は?

　アジャイル銀河のコンセプトを同僚と一緒に探検すると、「アハ」の瞬間が訪れることがよくあります。昔からアジャイルはチームレベルに適用されてきたこともあり、それ以外にも適用できる領域があることに気づいた人たちは、新しい事実を知ったと思うようです。企業のあらゆるレベルの役割が、顧客価値の創造に関わるものでなければいけません。企業のすべてのレベルで、アジャイルなプロセス、プラクティス、テクニックが必要となることは、自明になってきています。

　顧客価値の提供にフォーカスしたアジャイル銀河を企業が構築できるように、さまざまな人たちが協力を始めているようです。本書を読むことで、現在のアジャイルの適用を、企業レベル、文化レベル、顧客駆動レベルまで押し上げられるようになることを期待しています。

4.5　参考文献

- "Being Agile: Your Roadmap to Successful Adoption of Agile" by Mario Moreira, Chapter 2 and 9, Apress, October 1, 2013.

第5章
アジャイルの文化を活性化する

> 企業の文化は企業のタイプを示している。あなたはどのようなタイプの企業にしたいだろうか?
>
> —Mario Moreira

　企業をアジャイルに移行して、そこからビジネスメリットを得るために、誰もが銀の弾丸を探そうとします。ですが、本当の意味でアジャイルになるには、文化的な移行が必要です。それがないままでは、アジャイルは表面的な飾りになってしまいます。多くの人たちは技術的なプラクティスやプロセスを導入しようとします。それも必要ではありますが、最も重要なのはアジャイルのマインドセットの導入にコミットすることです。

　アジャイルへの移行は、組織文化の変化を意味します。それは苦労を伴う文化の破壊です。必ず苦痛を伴います。アジャイルの導入は、スキルの習得やプロセスの理解だけの問題ではありません。アジャイルの価値や原則を導入して、行動や組織文化から変える必要があります。

　文化の変化とは、組織の価値や前提の変化に応じて、そこにいる人たちの行動が変化することを意味します。言い換えれば、新しい考え方を想定する必要があります。また、顧客価値やそれを獲得する行動にフォーカスした、これまでとは異なるものを

計測することが求められます。こうした文化の変化には時間がかかります。したがって、アジャイルへの移行は「文化の旅」だと考えるといいでしょう。

5.1　アジャイルのマインドセット

　アジャイルとは破壊的イノベーションです。アジャイルの価値と原則を導入するには、文化に対するマインドセットや行動に大きな変化が必要です。アジャイルのキャズムを越えるときの大きな変化については、拙著『Being Agile』で説明しています。アジャイルにキャズムがあるとすれば、古いマインドセットや考え方から、「アジャイルである」文化的マインドセットへの飛躍です。そこを越えることで、企業はアジャイルからもたらされるビジネスメリットを本当の意味で実現できるのです。

アジャイルピットイン
アジャイルのキャズムを越えることは、アジャイルの価値と原則に合致したマインドセットと顧客価値にフォーカスしながら、常に行動していることを意味します。

　アジャイルのキャズムを越えることは、アジャイルのマインドセットに到達することを意味します。図5-1に示しているように、アジャイルのマインドセットに到達するには、アジャイルの価値を受け入れ、顧客価値の提供にフォーカスしながら、アジャイルの原則に従って行動する必要があります。アジャイルのマインドセットに達成すると、これまでとは異なる行動や文化の変化を目の当たりにします。アジャイルの価値と原則に従うだけで、自らの行動に責任が伴い、顧客にエンゲージすることを約束するようになり、従業員のエンパワーメントにコミットし、ビジネスと開発を結び付ける義務感がもたらされます。

　企業がアジャイルの価値と原則を行動に移せるように、さまざまなアジャイルのプロセス、方法論、フレームワーク、プラクティス、テクニック（いわば「構造」）が作られました。しかし、アジャイルの価値と原則にコミットしなければ、構造に合わせた動きをするだけになってしまい、作業の改善による利益は得られません。

　たとえば、ふりかえりを構造的に発生させるだけでは、完了した作業に対する改善アクションが生まれない可能性があります。アジャイルの原則を取り入れていなけれ

図5-1：アジャイルのマインドセットへの到達

ば、行動の調整と適応の目的が忘れられる可能性があります。アジャイルの実装のなかには、アジャイルの価値と原則を取り入れずに、アジャイルプロセスの外輪のみを導入しているものもあります。価値と原則を取り入れなければ、アジャイルのマインドセットに必要な行動に達成することはできません。

アジャイルを「やっている」企業は、価値や原則を導入しておらず、アジャイル「である」ためのマインドセットの移行も実現されていません。そのような企業は「アジャイル」をスキル、ツール、プロセスの変更だと見なしているため、統一的な行動や文化の変化をもたらすことがうまくできていません。つまり、アジャイルのキャズムを越えるために必要なマインドセットの大きな変化が訪れていないのです。

5.2　3次元のアジャイルな文化

包括的で健全なアジャイル銀河では、すべての象限でそれぞれの役割を果たす人たちが、アジャイルの価値や原則を適用するマインドセットを受け入れています。それは、発見的かつ漸進的なマインドセットであり、アジャイルの要素であるプロセス、プラクティス、テクニックを受け入れ、顧客価値の提供にフォーカスするものです。

図4-1で示したアジャイル銀河は2次元のものでしたが、図5-2のように文化的要素を考慮した3次元のものもあります。あなたのアジャイル銀河にいる人たちは、アジャイルのマインドセットを受け入れ、アジャイルの価値と原則に合致したアジャイルな行動を開始していますか？

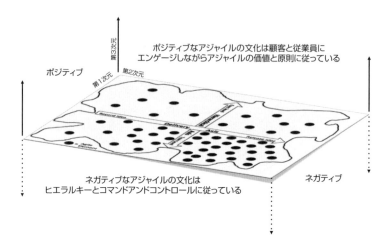

図5-2：アジャイル銀河の第3次元：文化

　多くの企業は、チーム中心のアジャイルという見方をしているため、チームレベルの人たちはアジャイルのマインドセットを取り入れています。しかし、組織のマネジメントや運用（人事、財務、マーケティングなど）のレベルは、アジャイルにおいてあまり重要な役割を果たしていません。多くの場合、漸進的や顧客価値駆動といった、アジャイルのマインドセットに向かって役割を進化させることもしていません。

　導入しているプラクティスや役割が有効かどうかは、企業の文化や行動がアジャイルの価値や原則とどれだけ合致しているかで確認できます。文化や行動はアジャイルのマインドセットと合致している「ポジティブ」なものですか？　アジャイルが構造的な導入になっており、文化や行動は「ニュートラル」（アジャイルのマインドセットに対してポジティブでもネガティブでもない）なままですか？　従来の階層的でコマンドアンドコントロール型のマインドセットに合致しており、公然とアジャイルを軽視するほどアジャイルに対して「ネガティブ」ですか？

　あなたの3次元のアジャイル銀河は、アジャイルのマインドセットの受け入れに対して、「ポジティブ」「ニュートラル」「ネガティブ」のいずれかになるでしょう。3次

元で考えると、開始地点である現在の文化と、これから起こすべき文化の変化の両方を理解できるようになります。

>
> **アジャイル銀河の文化を調べるエクササイズ**
> あなたのアジャイル銀河でアジャイルの要素（プロセスやプラクティスなど）を導入している人たちは、アジャイルの価値と原則従った行動をしていますか？ 発見的かつ漸進的なマインドセットを備えていますか？ 顧客価値の提供にフォーカスしていますか？ アジャイルのマインドセットに対してポジティブですか？ ニュートラルですか？ ネガティブですか？ 個人、グループ、領域ごとに評価してみましょう。

5.3　アジャイルな文化の価値

　組織にいるすべての人がアジャイルの価値と原則を理解して、受け入れなければいけません。第3章には、アジャイルの価値を紹介したセクションを用意しています。多くの方がすでに目にしているでしょうが、アジャイルを構造的に実行することに埋もれてしまうと、アジャイルになることの意味をほとんど思い出すことができません。
　アジャイルの価値を定期的に見直し、深いレベルで議論してみましょう。ここでは、アジャイルソフトウェア開発宣言にある4つの価値の対比を詳しく見ていきます。

プロセスやツールよりも個人と対話
: この価値によって、私たちの働き方が時間によって変化する可能性があることを理解できます。また、あらかじめ定義されたプロセスやツールによって、私たちの相互作用のやり方が決まるものではないこともわかります。

包括的なドキュメントよりも動くソフトウェア
: この価値によって、私たちが構築しているプロダクトの顧客価値とビジネス的な視点を理解できます。私は「ソフトウェア」の部分を「プロダクト」や「サービス」に置き換えています。構築するのはソフトウェアに限らないからです。

契約交渉よりも顧客との協調
: この価値によって、顧客が価値だと考えるものを発見するために必要となる、顧客との関係性やコラボレーションの重要性を理解できます。

計画に従うことよりも変化への対応

この価値によって、顧客のニーズや市場環境の変化に対応しながら、顧客フィードバックによって検査と適応を行い、顧客価値につなげることができます。

アジャイルの価値を並び替えるエクササイズ
3人組のグループになって、アジャイルの価値を重要度で並び替え、なぜその順番にしたのかを説明しましょう。また、他のグループにその理由を共有してみましょう。

5.4 アジャイルの原則を思い出す

　アジャイルの原則は、アジャイル銀河における活動のガイドになります。第3章では、確認のためにアジャイルの12の原則を紹介しました。アジャイルに関わっている人たちも原則までは覚えていません。彼らは「アジャイルになる」のに必要なマインドセットの変化よりも、「アジャイルをやる」ための構造に精通しているだけなのです。これは私の仮説です。また、スクラムの5つのイベント（スプリント、スプリントプランニング、デイリースクラム、スプリントレビュー、スプリントレトロスペクティブ）のうち3つの名前を答えることはできても、アジャイルの12の原則のうち3つを答えることはできないという仮説も持っています。

　2つ目の仮説については、過去にアジャイルの原則とスクラムのイベントを書き出してもらうという実験を行いました。アジャイルの原則については、キーワードやフレーズだけ（たとえば「変化を歓迎する」など）でも受け入れることにしました。2つの異なるアジャイルのカンファレンスで、参加者のみなさんに5つのスクラムのイベントと12のアジャイルの原則をできるだけ多く書き出してもらいました。回答数は109でした。その結果、私の仮説が正しいことが裏付けられました（図5-3）。

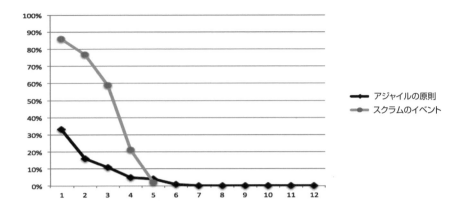

図5-3：アジャイルの原則を答えることができた割合

　109人の参加者のうち、59%が5つのスクラムのイベントのうち3つを知っていました。これは構造の知識、すなわち「アジャイルをやっている」ことを意味しています。図5-3に示したように、12のアジャイルの原則のうち3つを知っていたのは、わずか11%でした。これはアジャイルのカンファレンスでの回答ですから、アジャイルに熱心な人たちの11%です。本当に大丈夫でしょうか？　アジャイルの価値と原則がアジャイルの文化の基礎を形成するわけですから、これほどまでに低い割合では心配になってしまいます。

> **アジャイルピットイン**
> 多くの人たちはプロセスに従うことでアジャイルを構造的に「やって」はいますが、アジャイルに「なって」はいません（つまり、アジャイルの価値と原則を適用していません）。

　アジャイルの原則に対する認識の欠如について、このデータをもとに2つの仮説を立てました。まずは、アジャイルの価値と原則にフォーカスした教育がほとんどないということです。多くの人が（通常は研修の途中に）原則のページを訪問しますが、再訪することはほとんどありません。もうひとつは、アジャイルのプロセス（構造）を適用して「アジャイルをやる」ことに多くの労力を費やし、アジャイルの価値や原則（文化）に労力をかけていないということです。つまり、文化や行動の変化を示そうとすると時間がかかるため、構造の変化（「バックログを作成した」「デイリースクラムをやっている」など）で進捗を示すほうが簡単なのです。

アジャイルの原則を思い出すエクササイズ
チームメンバーに知っているアジャイルの原則を書き出してもらってください。みんなの回答を集めてから、それぞれの原則について説明してもらったり、感想を聞いたりするなどして、みんなで議論します。原則について考える時間を作ってから、知っているアジャイルの原則を書き出してもらってください。再びみんなの回答を集めます。両方（議論の前後）の回答を集計して、学習効果があったことを示しましょう。このテストを定期的に行えば、アジャイルになる理由を思い出してもらうことができるでしょう。

5.5 組織の文化的カラー

アジャイルの文化について深く理解するために、『ティール組織』（英治出版）を読むといいでしょう。著者のフレデリック・ラルーが、過去と現在の組織モデルについて説明しています。彼は、組織のパラダイムを「人間の意識の進化」であると表現しています。最新のパラダイムは、アジャイルの文化に役立つ組織の属性について、多くの知見をもたらします。図5-4は、こうしたパラダイムの進化を示しています。

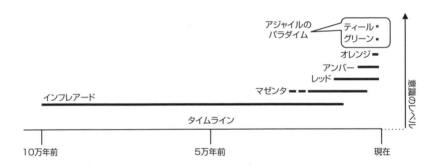

図5-4：アジャイルのパラダイムはラルーの組織のパラダイムと合致する

初期のパラダイムは、受動的な「インフレアード（赤外色／無色）」から始まり、神秘的な「マゼンタ」へと移っていきます。どちらも人間の種としての初期段階を表しており、部族などの小さなグループが含まれます。次に、衝動型の「レッド」パラダイムが始まります。これには、部族民兵、マフィア、ストリートギャングなどが含まれ、メタファーとして「狼の群れ」が使用されます。

順応型の「アンバー（黄色）」パラダイムには、教会・軍隊・政府機関の階層構造が含まれ、メタファーとして「軍隊」が使用されます。その次は、達成型の「オレンジ」

パラダイムです。ここには、多国籍企業やチャータースクール（保護者や地域などが公費で自主運営する公立学校）が含まれ、メタファーとして「機械」が使用されます。大部分の組織は「レッド」「アンバー」「オレンジ」のいずれかのパラダイムに当てはまるでしょう。

最後の2つのパラダイムには、アジャイルエンタープライズで目にすることができる振る舞いが含まれます。これらは、多元型の「グリーン」のパラダイムと進化型の「ティール（青緑）」のパラダイムです。

この2つはアジャイルだけのものではありません。しかし、アジャイルの文化がどのようなものかを理解するときに、これから探索すべき場所に光を照らしてくれるでしょう。アジャイルはプロダクト開発の進化における次のステップと考えられるので、「グリーン」と「ティール」が組織の進化における最新のパラダイムであることは、何も驚くことではありません。

多元型の「グリーン」がアジャイルをサポートするところ

多元型の「グリーン」組織は、立場や権力にかかわらず、あらゆる視点が平等に扱われることを目指しています。すべてのメンバーが一緒になり、協力し合うというもので、メタファーとして「家族」が使用されます。これは、アジャイルチームに対する期待を色濃く反映しています。

「グリーン」組織のブレークスルーはエンパワーメントです。エンパワーメントとは、意思決定の大部分を最前線（仕事をしている現場）に任せるというものです。これは、アジャイルの考え方にも対応しています。つまり、最も多くの情報が存在する最下層のレベルまで、意思決定を下げるという考え方です。これにより、従業員がうまく問題解決できると信頼されることになり、「分散型の権限」へとつながります。

「グリーン」組織のもうひとつのブレークスルーは、価値駆動の文化です。そこには「文化が組織をいきいきとさせる」という考えがあります。「グリーン」組織は、リーダーが従業員と同じ文化を共有すれば、現場は称賛と権限委譲を与えられていると感じる、ということを理解しているのです。そして、従業員のモチベーションが高まるように、文化とエンパワーメントにフォーカスします。「グリーン」のパラダイムにおける価値駆動の文化は、アジャイルの価値と原則とよく似ています。

「グリーン」組織のリーダーは、サーバントリーダーです。サーバントリーダー

は、アジャイルの文献では一般的な言葉です。リーダーは、従業員たちの声に耳を傾け、モチベーションを高め、権限を委譲し、スキルを高めることを支援する必要があります。「グリーン」組織でリーダーを採用するときは、候補者に正しいマインドセットと行動を求め、権限を分かち合い、謙虚に導く準備ができているかを質問します。

アジャイルピットイン
多元型の「グリーン」と進化型の「ティール」のパラダイムには、アジャイルエンタープライズで目にすることができる人間の意識のレベルと行動が含まれています。

進化型の「ティール」がアジャイルをサポートするところ

　進化型の「ティール」のパラダイムは、組織が誰かの目的を達成する乗り物ではないことを強調しています。組織は「その人にとって」最適なものを状況の変化に合わせて提供するものです。つまり、組織は「個別の生物」であるというメタファーが使用できるでしょう。

　「ティール」のパラダイムでは、肩書と立場が「役割」に置き換えられます。そして、1人の作業者が複数の役割を担います。これは、アジャイルチームにおける「クロスファンクショナルチーム」の考えとよく似ています。この考えは「稲妻型のチーム」と表現されることもあります。すべてのチームメンバーは、組織のニーズに適応できるように（稲妻のように分岐した）第1、第2、第3のスキルや役割を持っているのです。このことは、肩書や立場、あるいはスキルが1つしかないことの制約よりも、みんなで作業を終わらせることを重視しているのです。

　進化型の「ティール」のパラダイムは、組織の目的を中心にした「自己組織化」を重視しています。これまでの階層構造は、自己組織化された小規模なチームに置き換えられます。これは、アジャイルの原則にある「自己組織的なチーム」と合致します（「最良のアーキテクチャ・要求・設計は、自己組織的なチームから生み出されます」の部分です）。「ティール」のパラダイムのブレークスルーは、マネージャーがまるで「いない」かのように組織が運営される「セルフマネジメント」にあります。

　「ティール」のパラダイムでは、他人の知恵を理解するために、自らのエゴから離れようとします。自分たちの世界を外側から見ることを学ばなければいけません。ラ

ルーは「水面から飛び出てはじめて水を見る魚のようだ」という表現を使っています。エゴから離れることができれば、他人のエゴとどれだけ違うかを理解できるようになります。アジャイルでは、ふりかえりによって他人から見たときの視点をチームメンバーが獲得することで、さらに効果的なチームになることができます。

アジャイルな文化への移行が、まったく異なるマインドセットへのキャズムを越えることだったのと同様に、組織は「進化型のチーム」というまったく新しいパラダイムへ移行する必要があります。それは、失敗は学習と成長の機会であり、自分自身や他人との完全性を追求する「セルフマネジメント型」のキャズムを飛び越えることなのです。

5.6　文化への心構え

アジャイルへの移行はほとんどの場合、アジャイルの構造的なプロセス、プラクティス、テクニックの導入から始まります。つまり、アジャイルの文化的な側面が忘れられています。アジャイルとは文化の変化です。文化的な観点からアジャイルへの移行を始めることを検討してください。

アジャイルピットイン
事前の準備活動は、種を植える前に土壌を整えることに似ています。アジャイルの価値と原則を理解することで、アジャイルを導入する能力が向上します。

マインドを準備することは、種を栽培する前に土壌を整えることに似ています。あなたのアジャイル銀河を、土地・装備・人間にたとえて、その状態を詳しく見ていきましょう。土壌を強化すれば、物理的な品質を改善できます。これは、構造的な導入より前に、アジャイルの価値と原則、そして顧客価値駆動企業について教育することにあたります。従業員にこれから達成しようとしている文化を理解してもらうのです。

アジャイルの文化を活性化させる準備とは何でしょうか？　まずは、マインドを整えたり、従業員にアジャイルの価値と原則、顧客価値について教育したりするといいでしょう。アジャイルの価値と原則を実現したときの企業の姿について、従業員に質問しましょう。また、多元型の「グリーン」と進化型の「ティール」のパラダイムに

ついて議論することで、さらに高度な組織がどのような姿になるかを強調してください。アジャイル文化におけるエンゲージされた従業員がどのようなものかを質問してください。アジャイル文化におけるエンゲージされた顧客がどのようなものかを質問してください。また、従業員の基盤となる意欲と能力を調べて、現在のコミットメントのレベルを理解してください。準備活動の詳細については、拙書『Being Agile』を参照してください。

現在の文化を評価する

　準備活動を始めるときは、まずは現在の文化を理解しましょう。文化変革の分野には「彼らのいる場所で会いましょう」という言葉があります。現在のアジャイルの文化を理解することで、その善し悪しが判断できるようになり、事前の準備活動に優先順位を付けることができます。また、将来的に進捗を確認するために使用することもできるでしょう。

　以下は、望ましいアジャイルの行動にもとづいた「アジャイルの文化的評価調査」です。従業員エンゲージメント、顧客エンゲージメント、アジャイルの価値と原則、多元型の「グリーン」のパラダイム、進化型の「ティール」のパラダイムの観点から、あなたの現在地を理解するのに役立ちます。それぞれについて、最も適したものを選択してください。あるいは、リーダーがどのように考えているかについて評価してもいいでしょう。自分とリーダーの両方を評価して、その違いを認識することもできます。図5-5のリッカートスケールを使ってみてください。

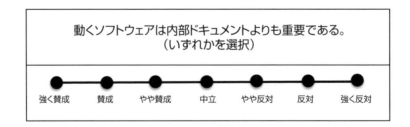

図5-5：リッカートスケール

　あるいは、これらを議論の題材にしてもいいでしょう。みなさんに適しているほうを使ってください。

アジャイル文化の評価調査

- お互いに協力し合ってコミュニケーションする柔軟性を持つことが、生産性の向上につながると信じています。
- 内部のドキュメントよりも動くプロダクトのほうが重要だと信じています。
- 顧客との協力を促進する必要があると信じています。
- 計画に従うよりも価値に向かって進むことが許されています。
- （社内の）マネージャーを満足させるよりも（社外の）顧客を満足させることにフォーカスしています。
- プロダクト開発のライフサイクル全体で要求の変更を歓迎します。
- 小さなインクリメントで頻繁にデリバリーすることを信じています。
- ビジネスと開発が一緒に働くことを信じています。
- 個人を信頼し、従業員の意見を大切にしています。
- フェイストゥフェイスのコミュニケーションとチームの同席を信じています。
- 動くプロダクトが進歩の最も重要な尺度であると信じています。
- チームが持続可能なペースを自ら維持することを信じています。
- チームの技術的卓越性とビジネスの優位性に対する関心が高まることを信じています。
- ムダなく作れる量を最大限にすることを信じています。
- 仕事のオーナーシップと意思決定権を持っている自己組織化チームの重要性を信じています。
- 定期的にふりかえりながら改善していくことを信じています。
- シンプルなプロジェクトマネジメント（リーンな計画、バックログ、ステータスレポートは不要）を信じています。
- 稲妻型のスキルで仕事を成し遂げるクロスファンクショナルなチームを信じています。
- 仕事にチームを割り当てるのではなく、チームに仕事を割り当てることを信じています。
- チームメンバーの採用面接は、チームメンバーが担当する必要があると信じています。

- パフォーマンスの評価は、チームレベルでチームメンバーが実施すべきだと信じています。
- 組織スペースは、静かなスペースを含め、チームの生産性を高めるために設計されている必要があります。

網羅的な質問ではないので、必要に応じて変更しても構いません。アジャイル文化の評価に使える質問としては、『Being Agile』(第 8 章と第 9 章)や『ティール組織』(付録 4)などがあります。

「どのような文化を持っているか?」のエクササイズ
リーダーのグループを作りましょう。質問項目を渡して、それぞれを評価してもらいましょう。回答を集計し、平均スコアを算出します。また、それぞれの度数(「強く賛成」が 3、「賛成」が 2、「やや賛成」が 4 など)を確認します。そして、改善領域を特定しましょう。

5.7 どのような文化を持っているか?

アジャイルの構造的なアプローチではなく、アジャイルのマインドセットと行動、それがもたらす文化の変化の導入を真剣に検討すべき時期です。強力なアジャイルの文化は、個人や組織が企業のあらゆるレベルでどのように行動するかにフォーカスしたものでなければいけません。

アジャイル銀河の 3 次元のバージョンを作り、現在の文化を理解してください。また、信頼できる同僚たちにアジャイルな文化の評価調査を実施してもらい、他のチームにも少しずつ広げていってください。

5.8 参考文献

- "Being Agile", by Mario Moreira, Chapter 2, Apress, October 1, 2013
- "Reinventing Organizations" by Frederic Laloux, Nelson Parker, February 20, 2014(邦訳『ティール組織 — マネジメントの常識を覆す次世代型組織の出現』英治出版)
- "Being Agile", by Mario Moreira, Chapters 8 and 9, Apress, October 1, 2013

第 6 章

顧客を受け入れる

顧客価値に最適化していないなら、なぜビジネスをやっているのか?

—Mario Moreira

顧客とは何でしょうか？　顧客とは、何を買うか、どこで買うかを選択できる人のことです。プロダクトと引き換えに顧客がお金を支払ってくれるからこそ、ビジネスを続けることができます。この単純な事実があるからこそ、顧客にエンゲージすることが一番大事だといえるのです。顧客は会社の外部にいるため、顧客フィードバックは最も重要です。社内の人たちの声にも価値を見出すことはできますが、それは1つの意見にすぎず、彼らがあなたの会社にお金を支払ってくれるわけではありません。

アジャイルピットイン
顧客は具体的に定義されています。顧客とは（1）プロダクトを購入する選択権があり（2）企業にお金を支払う人のことです。この定義は、重要なマインドセットの転換を表しています。

多くの企業と仕事をするなかで、2つの課題が明らかになりました。まずは、フィードバックが得られるほど顧客にエンゲージしていない企業があることです。第2章でも述べましたが、おそらく偽りや傲慢の確実性などのマインドセットを持っているの

でしょう。そのことが原因で、顧客からの貴重なフィードバックを手に入れる機会がなくなっています。

　もうひとつの課題は、「顧客」という言葉が企業の「内部」にいる「顧客ではない」人たちに適用されていることです。顧客は企業の「外部」にいて、先の条件（選択権と支払い）を満たした人たちです。顧客ではない人を「顧客」にしてしまうと、顧客価値につながる顧客フィードバックを得ることができず、本当の意味で顧客価値駆動の企業にはなりません。

6.1　顧客フィードバックの操縦士

　顧客エンゲージメントでは、継続的に顧客フィードバックを手に入れるという目的のために、有意義で正直な顧客リレーションシップの構築にフォーカスします。そして、顧客にとって価値のあるものを特定します。

　顧客エンゲージメントの鍵は、顧客から貴重なインプットとフィードバックを得ることです。インプットとフィードバックは、意思決定を促進し、プロダクトの方向性を決める基礎となるものです。企業内で顧客価値駆動エンジンを構築するときは、図6-1のように顧客（厳密には顧客フィードバック）が、顧客価値エンジンの「操縦士」になります。

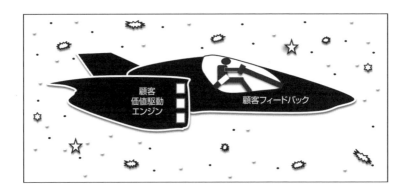

図6-1：顧客フィードバックは顧客価値駆動エンジンの操縦士

　偽りや傲慢の確実性を操縦士にすると、価値につながるサインを見逃してしまい、別の月や惑星や衛星にたどり着くことになってしまうでしょう。あなたは誰に操縦さ

せたいですか？ 確信を持っているが、視野の狭い人ですか？ それとも、顧客フィードバックを受け入れて、継続的に顧客価値に向かって適応（操縦）している人ですか？

6.2 顧客フィードバックの的

　顧客からの効果的なフィードバックによって、顧客価値につながるプロダクトの方向性を明確にすることができます。プロダクトを開発するプロセスにおいて、顧客はアイデアに対するインプットと、プロダクトを検証するためのフィードバックを提供します。顧客エンゲージメントは非常に重要です。自分たちのチームを見てみましょう。顧客からのインプットとフィードバックが、顧客価値に直接つながっていますか？

　もしつながっていなければ、おそらくそれは推測に頼っているのであり、これから体系的に顧客とエンゲージする時期であることを意味します。

アジャイルピットイン
顧客からのインプットとフィードバックは、顧客価値につなげるための主要なガイドの2つです。

　アジャイルの文脈では、プロダクトの方向性を明確にする最も重要な要因が「顧客」です。あなたのゴールは、顧客が誰なのかを特定して、エンゲージすることです。それによって、プロダクトの旅が明確になります。ただし、すべての顧客が平等なわけではありません。プロダクトに献身的な顧客もいれば、あまり興味を示さない顧客もいるでしょう。プロダクトの使い方も顧客によってさまざまです。

　したがって、顧客の「ペルソナ」を使うといいでしょう。たとえば、コンピュータを利用する顧客を考えてみてください。プログラミングするためにコンピュータを使うユーザーもいれば、表計算ソフトのためにコンピュータを使うユーザーもいます。このような場合、それぞれを別々のペルソナにしましょう。さまざまな種類の顧客がいることを理解することが重要です。顧客価値に近づくためのペルソナの重要性とその作り方については、第14章で学んでいきます。

　顧客の種類はさまざまなので、それぞれの顧客にエンゲージする人が必要です。アジャイルの文脈では、顧客の声に耳を傾けるために「プロダクトオーナー」が用意さ

れており、顧客フィードバックに対して関与・要請・収束・優先順位付けの方法を学ぶ必要があります。プロダクトオーナーやその他のアジャイルの役割については、第8章で説明します。

> **アジャイルピットイン**
> プロダクトオーナーについて学ぶには、第8章を参照してください。
> 顧客のペルソナの作成方法について学ぶには、第14章を参照してください。

顧客やプロダクトオーナーについて考えていくと、プロダクトを市場に投入する人たちが社内に必要だということがわかります。こうした人たちのことを「ステークホルダー」と呼びます。彼らは、働くための健全な環境を用意したり、戦略やビジョンを策定したり、プロダクトやサービスのアイデアを見つけたり、いずれかのレベルで顧客とエンゲージしたり、プロダクトを構築したりするなどして、プロダクトの成功に貢献します。それでは、顧客、プロダクトオーナー、ステークホルダーの存在が把握できたので、次のステップで顧客フィードバックの的を作りましょう。

図6-2は、顧客フィードバックの的を描いたものです。円の真ん中に顧客がいて、その外側の円にはプロダクトオーナーがいます。さらにそれをステークホルダーが囲んでいます。顧客に近いほうのステークホルダーは、顧客フィードバックをプロセスに反映します。顧客から離れたほうのステークホルダーは、それほど顧客重視ではありません。

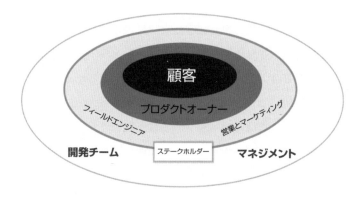

図6-2：顧客フィードバックの的

> **顧客の的を作るエクササイズ**
> 顧客フィードバックの的を作りましょう。中央にエンゲージされた顧客はいますか？ 献身的なプロダクトオーナーはいますか？ 企業内のステークホルダーは、顧客価値への貢献にどのような役割を果たしていますか？ 顧客とステークホルダーからのフィードバックの割合いはどうなっていますか？ 顧客から直接フィードバックを受けることで、恩恵を受けることができると思いますか？

6.3　アジャイル銀河を取り巻く顧客の宇宙

　第4章では、アジャイル銀河と、それが企業のアジャイルの環境をどのように表現しているかを説明しました。では、アジャイル銀河のどこに顧客がいるでしょうか？

　ビジネスの文脈では、アジャイル銀河は「顧客の宇宙」にあります。図6-3に示すように、顧客はアジャイル銀河の周辺に住んでいるのです（住んでいると思いたい！）。顧客をうまく活用し、顧客が必要としているものを発見して、それを構築していきましょう。

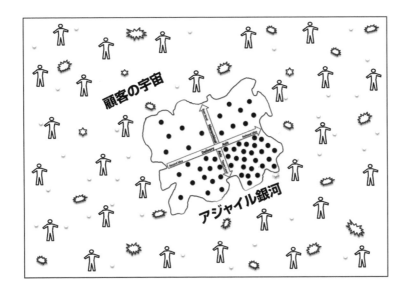

図6-3：顧客の宇宙に囲まれたアジャイル銀河

　アジャイル銀河のデリバリー軸の左側は、顧客価値のアイデアを取り込むところです。アイデアは、社内にいる人たちや社外にいる顧客など、さまざまなところから

やって来ます。顧客にエンゲージするためには、アイデアを顧客価値に近づけたり、フィードバックをもらってアイデアに価値があるかどうかを確認したりするところから始めるといいでしょう。

デリバリー軸には、顧客から貴重なインプットやフィードバックを受け取れる場所がいくつもあります。顧客フィードバックはCVDフレームワークの重要な要素です。顧客フィードバックには、顧客からのインプットやフィードバックも含まれ、これらを使ってアイデアを記録、評価、洗練、構築、リリース、回顧していきます。

顧客は価値駆動企業の基盤を形成します。うまくやっているスタートアップは、落ち込んでいるときも成長しているときも顧客フィードバックに救われているので、その価値を痛感しています。顧客は価値駆動エンジンに不可欠です。顧客フィードバックを実行に移すには、第14章を読み、顧客フィードバックビジョンを構築する方法を学んでください。

6.4 価値駆動企業における顧客

顧客と価値駆動企業はどのような関係があるでしょうか？ 顧客価値駆動企業（CVD企業）とは、顧客が価値があると考えているもの、さらには、購入したり使用したりしたいと思っているものに最適化した企業のことです。したがって、顧客のように考えることが重要です。

顧客が進捗として認識するのは、プロジェクトの標準ドキュメントではなく、タスクの完了を示すプロジェクト計画でもなく、進捗報告書でもありません。機能的に動作する目に見えるプロダクトです。顧客が購入するのは、計画や報告書などの管理のために必要な作成物ではなく、実際に動作するプロダクトなのです。

顧客は動くプロダクトを見ると喜びます。また、検査と適応のアプローチによって、自分たちのニーズを調整することができ、さらに価値のあるプロダクトへと変えていくことができます。特定の機能が一定の品質で構築され、顧客の受け入れ基準を満たし、顧客のレビューが可能になるまでは、進捗が進むことはありません。

アジャイルピットイン
顧客が進捗として認識するのは、プロジェクト計画や進捗報告書ではありません。動作する目に見えるプロダクトです。

　機能とは、顧客にとっての価値であり、最終的にビジネス価値を提供するものです。このことは、継続的に顧客にエンゲージして、最終的にそこまでたどり着く必要があることを意味しています。要求を収集したり、プロダクトのリリースを通知したりするだけでは不十分です。プロダクトライフサイクル全体で、**継続的に顧客にエンゲージする必要があります**。

6.5　顧客価値への道を学ぶ

　「顧客が価値だと考えるものを学ぶ」という考えは、顧客価値の旅における重要なマインドセットです。それにより、偽りや傲慢の確実性という危険な態度を捨て去り、顧客が必要とするものを探索することが可能になります。顧客の要求を事前に確定させ、定期的に顧客にエンゲージすることなくデリバリーまでの道筋を計画すると、計画に従えば成功すると思いたくなるかもしれません。ですが、少しずつ顧客が価値だと思うものからは遠ざかっていきます。図6-4は、こうした状況を示しています。

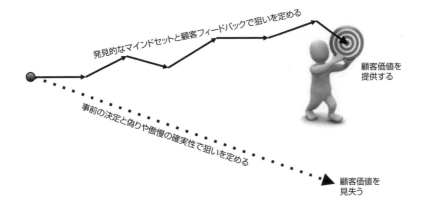

図6-4：顧客価値を目指す

ここで「計画に従うべきか？　それとも顧客価値に適応すべきか？」と、疑問に思うことでしょう。偽りや傲慢の確実性の道を選択したがために、顧客が必要としないプロダクトを作り出し、顧客価値を見失っている企業を見たことはないでしょうか？　そうなるのは当然だと思うかもしれませんが、計画が「ルール」になっている企業を見たことがあるはずです。

定期的に顧客にエンゲージすれば、計画が変わらないはずがありません。計画を変更して顧客が必要としてるものを届けるか、計画に従って顧客が必要としない機能を届けるか、どちらがよいと思いますか？　顧客に耳を傾けなければ、競合他社が先にそうすることを忘れないでください。

顧客価値を学ぶという考えを取り入れましょう。これは、顧客フィードバックや学習したことを継続的に顧客価値に適応しながら、少しずつ情報を取得していく発見的な方法です。確実性に近づくためには、顧客ニーズの継続的な学習が重要です。図6–4に示したように、学習した内容を少しずつ適応していけば、顧客価値の的に近づくことができます。発見的なマインドセットと、それが顧客価値の提供方法の適応にどれだけ役立つかについては、第10章で学ぶことにしましょう。

6.6　顧客価値獲得のアンチパターン

価値は見る人の目のなかにあります。頭のいい人たちは、その見る人が顧客だと言うでしょう。ほとんどの企業には「お客様は王様」といった決まり文句がありますが、なかにはそれが失われ、顧客や顧客フィードバックの重要性を忘れているところもあります。その結果として発生するのが、顧客価値を妨げるアンチパターンです。いくつものアンチパターンがありますが、以下に4つほどあげましょう。

- 顧客が欲しいと思っていることを確信しているフリをします。この「偽りの確信」アンチパターンによって、選択肢が狭くなり、顧客ニーズに気づかなくなります。
- コストカットや稼働率の向上を目指し、とにかく効率化を追求します。この「空き部屋なしのイノベーションホテル」アンチパターンによって、イノベーションや適応をしていく余裕がなくなり、顧客にフォーカスできなくな

ります。
- 計画やプロセスを上手に作ることの心地よさに部分最適化します。この「部分最適化の心地よさ」アンチパターンによって、顧客のニーズに適応することが犠牲になり、変化が制限されてしまいます。
- 顧客の代表として、少数の人にだけエンゲージします。この「少なすぎて漏れがある」アンチパターンによって、顧客ニーズを見逃してしまいます。

スタートアップの場合、顧客がプロダクトを購入しなければ会社がつぶれてしまうため、顧客価値駆動であることの重要性を認識しているはずです。スタートアップだからといって、成功につながる適切なプロダクト、文化、プロセスを持っているというわけではありませんが、顧客のニーズを理解しなければ、プロダクトやサービスが成功する望みが薄いことを痛感しているのです。上記の理由と企業の規模が小さいことから、ほとんどのスタートアップは顧客や潜在顧客に接近するようにしています。

企業の規模が大きくなると、顧客価値に影響を与えるアンチパターンが発生する可能性が高くなります。プロセスを追加することになり、従業員を顧客からさらに遠ざけてしまいます。企業が成長していくと、コストの管理を強化する傾向がありますが、それが変化の制約につながります。また、企業はプロセスや計画の最適化を始めます。すると、顧客からさらに離れていきます。会社が成長していくと、顧客の近くにいるための明確な行動が必要です。あなたに質問です。顧客価値に影響を与えるアンチパターンを会社で見たことがありますか？

アジャイルビットイン
企業が成長していくと、コスト管理が強化され、多くのプロセスや計画が導入されます。どちらも変化を制限し、顧客を遠ざける危険性があります。

アジャイルの価値に「計画に従うことよりも変化への対応」があります。計画にもメリットはあるかもしれませんが、顧客の変化に対応することのほうが価値は高いのです。アジャイルソフトウェア開発宣言と価値や原則については、第5章を参照してください。

6.7　顧客が価値を理解するのは難しい

　顧客価値に到達するのが難しいもうひとつの理由は、顧客自身が何を望んでいるのかをわかっていないことです。顧客は自分が望んでいるものはわかっていると思い込み、求めているものを推測して伝えようとします。

　これにはいくつかの理由があります。第1に、こちらから質問したときに、顧客は自分のニーズを明確にできるとは限らないからです。直近の困りごとを解決するようなアイデアを出すことならできるかもしれませんが、それでは本当のニーズにつながることはないでしょう。第2に、顧客は他の選択肢や可能性を認識していないため、すでに知っているものに引き寄せられる傾向があるからです。ヘンリー・フォードの有名な言葉「顧客に欲しいものを聞いていたら、彼らは『もっと速い馬が欲しい』と答えていただろう」が、このマインドセットを端的に表しています。第3に、顧客のニーズは定期的に変化するからです。顧客価値は捉えにくいものであり、常に変化しています。欲しいものを手に入れるために半年から1年も待たなければいけないとすると、その時点での状況は変わっているでしょうし、欲しいものも変わってくるはずです。

アジャイルピットイン
顧客は実際に見るまでは自分が望んでいるものがわからないからこそ、スプリントレビューやデモンストレーションが重要なのです。

　ここで、発見的で漸進的なマインドセットが役立ちます。顧客が望むものを学ぶことができるのです。つまり、顧客は実際に見るまでは自分が望んでいるものをわかっていないということです。デモを開催すれば、顧客は自分が欲しいと言ったものを実際に見て、本当に欲しいと思うものに反応することができます。革新的なものを構築するときは、段階的に顧客に見せていき、顧客価値に対する反応を見るといいでしょう。

6.8　顧客フィードバックは顧客価値エンジンに不可欠か?

　本章では、顧客を理解するためのさまざまな側面と、顧客フィードバックの重要性について説明しました。顧客は明確に定義されています。顧客とは、選択権があり、企業にお金を支払う人のことです。社内にいる人たちを「顧客」と呼ぶ企業もありますが、彼らはステークホルダーであり、本当の顧客ではありません。これは、重要なマインドセットの変化であり、このメッセージは企業内のすべての人と共有する必要があります。

　顧客フィードバックは、顧客価値エンジンを顧客価値の方向へ向けてくれます。顧客は動くプロダクトを進捗として認識しており、プロダクトが動作するのを見ると喜びます。価値のある動作するプロダクトに変わるまでは、発見的で漸進的なアプローチによって、顧客はニーズを調整していくことができます。進捗を認識するには、動くプロダクトが最適です。これは、受け入れるべき重要なマインドセットの変化です。

　顧客が価値だと考えるものを特定することは、顧客価値につながる学習機会であり、重要なマインドセットです。これにより、偽りや傲慢の確実性に陥る危険性がなくなり、顧客が必要とするものを探索できるようになります。1日の終わりに、顧客を「王様」にすることが重要です。顧客からガイドになる価値のあるフィードバックをもらっているでしょうか。そのことを確認する必要があるでしょう。

第7章
従業員を受け入れる

従業員をパートナーとして扱うべきである。従業員は会社の声なのだから。
—Mario Moreira

　アジャイルの価値の「プロセスやツールよりも個人と対話」と、アジャイルの原則の「ビジネス側の人と開発者は、プロジェクトを通して日々一緒に働かなければなりません」と「意欲に満ちた人々を集めてプロジェクトを構成します。環境と支援を与え仕事が無事終わるまで彼らを信頼します」は、従業員の重要性にフォーカスしています。

　これらの価値と原則から導き出されるのは、コラボレーション、モチベーション、信頼です。これらは、従業員を重視したアジャイルな文化で重要となる価値基準です。従業員がエンゲージされていると感じると、企業の成功につながります。意思決定の権限を与えられ、自分だけでなくお互いにモチベーションを高め合い、革新的なアイデアを喜んで提供し、仕事を終わらせるために求められる以上の働きをします。従業員がオーナーシップを持っていれば、自分の仕事に情熱を傾けることができます。あなたに質問です。「従業員を受け入れ、彼らが大切にされていると感じられるような文化になるように、投資をしているでしょうか?」。

7.1 顧客価値エンジンを整備するメカニック

企業が顧客価値のエンジンだとすれば、エンジンにはメカニックが必要です。図7-1 に示すように、顧客価値駆動エンジン（CVD エンジン）を動かすメカニックは従業員です。エンジンのオーナーシップを持っていると感じるメカニックは、エンジンを動かすモチベーションを持ち、エンジンについて他の人たちと協力し、エンジンを改善する権限を与えられ、安全な環境で信頼されながら変更を加えます。エンジンのオーナーシップを与えた結果、従業員は幸せなエンゲージされた従業員になるのです。

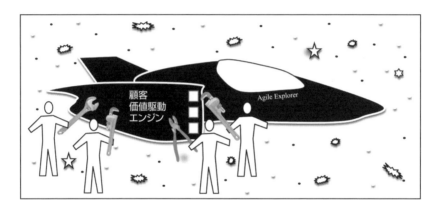

図7-1：従業員は顧客価値エンジンを動かすメカニック

エンゲージされない従業員は不幸せになり、エンジンは不具合をきたすでしょう。従業員のエンゲージメントが下がると、ランチの時間が長くなり、必要以上にオフィスに滞在しなくなります。それよりも致命的なのは、問題解決に腐心しなくなることです。企業の成功に貢献しなくなるかもしれませんし、場合によっては成功の妨げになるかもしれません。

幸せな従業員は、エンジンを改良する方法を継続的に探してくれます。フレデリック・ラルーは、文化とエンパワーメントにフォーカスした多元型の「グリーン」組織が、従業員の卓越したモチベーションを実現すると述べています[1]。「The Impact of

---

[1] "Reinventing Organizations" by Frederic Laloux, Nelson Parker, February 20, 2014（邦訳『ティール組織』英治出版）

Empowered Employees on Corporate Value（従業員の企業価値への影響）[2]」の研究では、企業文化における従業員のエンパワーメントが「優れた財務パフォーマンスの潜在的な源泉」であることが示されています。従業員は会社の最大の資産です。CVDエンジンを動かして会社を前進させるメカニックなのです。

> **アジャイルピットイン**
> 従業員を重視する文化があれば、従業員のモチベーションを大きく高めることができ、優れた財務パフォーマンスを維持できます。

　「従業員は大切な資産だ」と口で言うだけでは不十分です。それでは、陳腐な標語になってしまいます。そこに裏付けはありますか？　企業が従業員のことを大切にしているかどうかを判断できる領域が存在します。これから紹介していきましょう。

7.2　アジャイル銀河のCOMETS（彗星）

　アジャイル銀河には彗星（COMETS）があります。**COMETS**とは、コラボレーション（Collaboration）、オーナーシップ（Ownership）、モチベーション（Motivation）、エンパワーメント（Empowerment）、信頼（Trust）、安全（Safety）を意味します。これらは、企業が従業員を大事にするときに受け入れるべき価値基準です。従業員に価値を置き、それが顧客価値の構築につながることを理解しているアジャイル文化では、これらの価値基準を育み、文化の一部とすべきなのです（図7-2）。

　「従業員」という言葉を使うときは、チームメンバーからエグゼクティブまで、すべての人が含まれることを理解しましょう。図7-2に示すように、企業全体にCOMETS文化を広げるべきです。すべてのレベルにおいて、コラボレーション、オーナーシップ、モチベーション、エンパワーメント、信頼、安全を（異なる方法で）提示する必要があります。たとえば、「オーナーシップ」は、それぞれの権限範囲を意味します。エグゼクティブのレベルでは、戦略に対するオーナーシップを持ち、チームのレベルでは、バックログのユーザーストーリーなどに対するオーナーシップを持ちます（権

---

[2] "The Impact of Empowered Employees on Corporate Value" by Darrol J. Stanley, Graziado Business Review, 2005 Volume 8, Issue 1

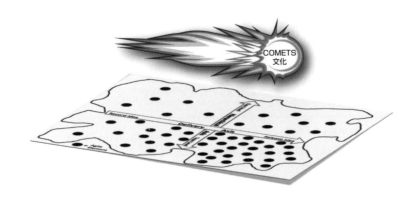

図7-2：COMETS の従業員文化は、アジャイル銀河の構造になる

限範囲については、第8章を参照してください）。

それぞれの価値基準について、どのような行動や振る舞いが期待されるでしょうか？

COMETS の各項目を簡単に定義しておきましょう。

コラボレーションは、何かを構築するために誰かと協力する能力です。**オーナーシップ**は、仕事や作業項目を制御したり楽しんだりする権利を持っているという感覚です。**モチベーション**は、仕事をする意欲や願望です。**エンパワーメント**は、何かの方向性を設定する権利を持っていると信じていることです。**信頼**は、期待に対する信用です。**安全**は、安心して学ぶことやリスクを取ることができると信じていることです。

7.3 自己組織化チーム

COMETS は、自己組織化の構成要素です。従業員がエンゲージされ、大切にされていると信じているアジャイルの環境を保持するには、仕事に対して従業員が自己組織化している文化を確立する必要があります。自己組織化チームは「自律性を持ち、協力して何かを構築するための共通の目的を持った人々の集団」として定義されています。

アジャイルソフトウェア開発宣言では、自己組織化を原則「最良のアーキテクチャ・要求・設計は、自己組織的なチームから生み出されます。」に含めています。自己組織化チームを文化の一部にするためには、2つのマインドセットの変化が必要です。1つ目は、最も知識のある人たち（つまりチーム）がビジネスニーズの技術的な進化を

決定する、ということをマネジメントが理解することです。つまり、マネジメントに対する依存度を下げるということです。2つ目は、作業を完了させる責任がすべて自分たちにあると、チームが認識することです。チームはすでに権限範囲で構築方法を決める柔軟性を持っていますが、それと同時に、仕事に対する説明責任と実行責任を持つことになるのです。

　アジャイルの文脈では、自己組織化にいくつかの重要な要素が必要になります。1つ目は、チームを導く共通の目的（リリース目標やスプリントゴールなど）です。2つ目は、チームが所有している仕事に権限範囲があり、プロダクトの構築方法を決める権限がチームに与えられていることです。3つ目は、チームが構築・検査・適応のモデル（アジャイルプロセスの1つを適用したもの）を使うことです。顧客価値に向けて構築するためには、検査のときに検証（テスト）と妥当性確認（顧客フィードバック）の両方が必要です。

アジャイルピットイン
アジャイルの文脈では、自己組織化チームに「共通の目的」「権限範囲」「構築・検査・適応モデル（アジャイルプロセス）」が必要です。

　自己組織化チームの主な利点は、従業員が自分たちの仕事をしていると感じるときに、情熱を持てるということです。その結果、時間やエネルギーを仕事に投資してくれる可能性が高まります。このことは、従業員のコミットメントとパフォーマンスが高まり、優れた財務成績をもたらす可能性があることを意味しています。それでは、自己組織化（COMETS）の構成要素を詳しく見ていきましょう。

7.4　コラボレーション

　アジャイルとビジネスの視点から見たコラボレーションは「ポジティブなビジネス成果を生み出すために、共通の目的を持った2人以上の人たちが、創造的に協働すること」と定義できます。自己組織化チームでは、チームメンバーがコラボレーションすることが重要です。先ほどの定義では「創造的」と「ポジティブ」という言葉を使いました。コラボレーションとは、成果を生み出すことを意味します。人々とその知

識を集結させて、新しいものやこれまでとは違うものを創造するのです。創造的でなければ、何らかの活動をしているだけです。

先ほど定義では、コラボレーションはポジティブでもありました。共通の目的を持っていない「悪い」コラボレーションというものがあります。「良い」コラボレーションには、新しいものを創造するために、共通の目的に正直に従い、新しい知識を心から喜んで受け入れる環境が必要です。

> **アジャイルピットイン**
> コラボレーションは「ポジティブなビジネス成果を生み出すために、共通の目的を持った2人以上の人たちが、創造的に協働すること」と定義できます。

コラボレーションを従業員の視点から見ると、「共通の目的を追求する人たちとチームを作り、そのなかでお互いに学ぶ機会を提供すること」になります。効果的なコラボレーションには、相互のつながりと内なる自分とのつながりが必要です。そうすれば、従業員は効果的に働くようになり、パフォーマンスの高いチームになっていきます。

コラボレーションをコミュニケーションやコーディネーションと混同しないことが重要です。コラボレーションは、2人以上の人たちが協力してポジティブな成果を生み出す双方向のアクションです。コミュニケーションは、書面、伝達、その他の媒体で情報を共有する一方向のアクションです。コーディネーションは、さまざまな要素を組み合わせて、活動を有効にする一方向のアクションです。

コーディネーションでコラボレーションの成果を効果的にして、コミュニケーションでコラボレーションの結果を伝達できます。オーナーシップやエンパワーメントと組み合わせれば、従業員はコラボレーションによって仕事の方向性を所有・変更できます。これにより、自分の能力が有効に使われていると感じる幸せな従業員が生まれます。

7.5　オーナーシップ

従業員が重要視されているかどうかを判断する上で、オーナーシップがおそらく最も重要な要素です。オーナーシップとは、効果的に仕事をするために必要な権限とリ

ソースを持つことです。従業員が自分の仕事に対してオーナーシップを感じると、それを誇りに思い、多くの努力を払い、仕事の質を高めようとします。自己組織化チームでは、チームは権限範囲にある自分たちが所有する仕事を理解しています。

アジャイルピットイン
家を所有しているなら、大切に扱っているはずです。オーナーシップの誇りを感じているので、維持管理に時間とお金を費やすのです。

借りているアパートと購入した家があるとします。人はどちらに労力をかけるでしょうか？ 所有していないものに対しては、かける労力は少なくなる可能性が高いです。あなたが家を所有しているなら、大切に扱っているはずです。オーナーシップの誇りを感じているので、維持管理に時間とお金を費やすのです。実際、あなたは家を守ろうとするはずです。同様に、従業員が自分の仕事にオーナーシップを感じていれば、多くの時間をかけて質の高い労働を仕事にもたらすでしょう。

オーナーシップを変更するには、意思決定のレベルを可能な限り低くするという文化の変化が必要です（図7-3）。これには、いくつもの承認を減らすことも含まれます。ほとんどの組織にとって、これは大きな変更になるでしょう。ですが、仕事の流れを速めるという利点があります。マネジメントにはまだ果たすべき役割があること

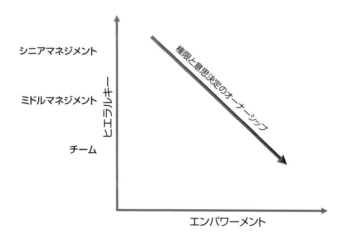

図7-3：エンパワーメントのモデル：知識が存在する最下位レベルに権限を移す

を覚えておいてください。マネージャーは、従業員が最も生産的になる環境を構築し、企業の方向性を示すビジョンを提供する必要があります。

7.6　モチベーション

　成功している企業とモチベーションが高い従業員には、強いつながりがあります。モチベーションは、人々の行動を促進する内発的な要因と外発的な要因で構成されています。モチベーションの高い従業員は、品質にフォーカスしながら懸命に働いてくれるでしょう。従業員のモチベーションを高める方法は、長年にわたって調査されてきました。それが企業の成功につながるからです。自己組織化チームの文脈では、従業員にモチベーションの理由を提供することがゴールです。

　では、従業員のモチベーションの要因は何でしょうか？　それは従業員にとって何を意味するのでしょうか？　初期の考え方は、外発的動機付けを重視していました。しかし、近年の研究では、従業員のエンゲージに適した方法として、内発的動機付けを検討することが推奨されています。

外発的動機付け

　外発的動機付けは、従業員の外部からやってくるモチベーションにフォーカスしたものです。20世紀初めにおいては、外発的動機付けが報酬と罰の両方に用いられており、その特徴となっていました。

　「ニンジンと棒」は外発的動機付けの初期の例です。これは、ロバに引っ張られた荷車を指した言葉です。棒の先にニンジンが縛り付けられ、ロバからは届かないところにぶら下がっています。ニンジンを食べようとしてロバが前へ進むと、荷車が引っ張られます。ロバがニンジンを食べようとしなければ、前へ進ませるためにロバは棒でお尻を叩かれます。

　現代版の「ニンジンと棒」は「期待理論」と呼ばれています（つまり、何かをすれば、報酬がもらえると期待することです）。現代の発展したパフォーマンスシステムであっても、そのほとんどが具体的な報酬と罰にもとづいています。外発的動機付けは、お金や階級などの具体的な報酬や、認知度や名声のような心理的な利益に関連するものが数多く存在します。これらは、従業員の外部からモチベーションを高めようとす

るものです。多くの従業員は、こうしたあからさまなやり方を十分に認識しています。

　外発的動機付けにはいくつかの利点とリスクがあります。報酬を得るために必要な活動を促進することはできますが、報酬がなくなった瞬間に活動や行動が止まるため、短期的な変化になることが多いのです。代わりに、内発的動機付けを検討しましょう。

内発的動機付け

　内発的動機付けは、従業員の内部からやってくるモチベーションにフォーカスしたものです。個人の内部に存在する関心が原動力になります。つまり、活動や行動に関与するモチベーションは、従業員から生まれるのです。なぜなら、それは本来備わっている報酬であり、外部から与えられる報酬ではないからです。

アジャイルピットイン
内発的動機付けは、従業員の内側からやってくるモチベーションです。外発的動機付けは、従業員の外側からやってくるモチベーションです。内発的動機付けのほうが効果的です。

　価値・意味・進歩・能力などは、内発的動機付けと関係があります。こうしたモチベーションは、楽しさ・好奇心・オーナーシップ・自律性・プライドなどによってもたらされます。内発的動機付けの具体的な例とは何でしょうか？　たとえば、チームへの貢献（プロダクトの開発など）、運動への貢献（女性リーダーの増加など）、変革への貢献（アジャイルに変化するなど）があるでしょう。また、その領域におけるスキルの習熟（アジャイルやJavaプログラミングなど）も含まれるかもしれません。

　内発的動機付けは、従業員にとって重要な目的を明らかにするときにも使えます。重要な目的があれば、従業員は自発的になります。アジャイルの文化では、仕事のオーナーシップを持っているという感覚を意味するでしょう。あるいは、何の仕事をするか、仕事のやり方、仕事のペースなどを自分で決める自律性があることを意味するかもしれません。

　内発的動機付けには大きな利点があります。内面からのモチベーションは、従業員を創造的にしてくれます。これはプロダクトのイノベーションにもつながります。内発的動機付けが能力と関係しているのであれば、構築されるプロダクトの品質は向上するはずです。内発的動機付けは内面から発生するものであり、いずれ消え去る外発

的な報酬に依存していないため、長期的なマインドセットの変化にもつながります。

　内発的動機付けと外発的動機付けを混ぜることは避けてください。内発的動機付けを特定したあとに、そこに外発的な報酬を与える誘惑が出てしまうかもしれませんが、従業員がすでに楽しんでいるものに報酬を与えると、「楽しい」が仕事や義務に変わってしまいます。

> **Note　動機付けを判別するエクササイズ**
> 組織に存在する内発的動機付けと外発的動機付けを判別できるでしょうか？　進行の妨げになっている外発的動機付けはありますか？　さらに促進できそうな内発的動機付けはありますか？

7.7　エンパワーメント

　組織にいるすべての人が「エンパワーメント」という言葉を耳にしています。通常は、従業員に権限が与えられていると感じられるように、何らかの新しい取り組みを開始することを指します。しかし、そうしたことは組織の戦略の中心的な価値にすべきものであり、トレンドによって左右されるようなものではありません。残念ながら、多くの組織はそうなっていません。エンパワーメントとは、自分の仕事と周辺環境を整理・変更する自律性と説明責任を持つことです。自己組織化チームでは、チームメンバーにプロダクトの構築方法（アーキテクチャ、設計、UX、開発、テストなど）を決定する権限が与えられることになるでしょう。

> **Tips　アジャイルピットイン**
> 従業員のエンパワーメントは、それがあれば心地よいだけでなく、組織のパフォーマンスや財務的な利益につながる可能性もあります。

　では、従業員のエンパワーメントとは何でしょうか？　ジェーン・スミスが、図7–4のような3段階のモデルを提示しています[3]。第1のレベルでは、仕事でもっと積極的な役割を果たすことを奨励します。第2のレベルでは、仕事のやり方の改善に関与

---

[3] "Empowering People" by Jane Smith, Kogan Page, 2000

することを求めます。第3のレベルでは、上司に許可を得ることなく、大きく優れた意思決定することを容認します。第3のレベルは、アジャイルの文化にとって非常に重要です。

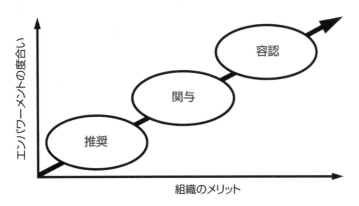

図7-4：従業員エンパワーメントモデル

　マネジメントがこうしたモデルを適用することについて真剣に取り組めば、プロダクトのデリバリーの品質、イノベーション、生産性、競争力が向上するでしょう。エンパワーメントは、チームベースのモデルを推奨するアジャイルのような適応型フレームワークを適用することで、さらに強化されるでしょう。チームに本当の意味での権限が与えられ、自己組織化できていると感じられるようになれば、仕事をうまく進めるための意思決定が可能になり、生産性は自然に向上するでしょう。

7.8　信頼

　アジャイル原則の1つに「意欲に満ちた人々を集めてプロジェクトを構成します。環境と支援を与え仕事が無事終わるまで彼らを信頼します」があります。「信頼」とは、他人が何かを成し遂げてくれることに対して自信があることです。自己組織化チームでは、メンバー同士で仕事を終わらせたり助け合ったりするなかで、信頼関係が形成されます。

　信頼は獲得するものだという人もいます。私は信頼は与えられるものだと思います。これには、マインドセットの変化が必要です。信頼についてこれまで学んだことの大部分は、おそらく否定的な経験によるものです。そのため、保守的な視点を持つよう

になり、信頼は獲得するものだと信じるようになるのです。そのほうが安心できるかもしれませんが、それでは効率的に信頼に近づくことはできません。

　人を雇いたいとき、仕事をしてくれると信頼できるような人を雇うはずです。それなのに、これまでの否定的な経験や複数階層の承認などがあるせいで、相手を信頼できない環境を作ってしまいます。信頼する代わりに、チェック項目や安全策を追加しませんでしたか？　あなたが信頼しなければ、信頼の欠如を応急処置するプロセスが追加されるだけです。その結果、デリバリーの速度が低下していくのです。

　それよりも、信頼することから始めましょう。アジャイル銀河を取り巻くCOMETSの文化には、「否定的で敵対的な世界観」よりも「肯定的で好意的な世界観」が適しています。仕事を終わらせるために、同僚を信頼してサポートしましょう。信頼は、健全な関係・チーム・組織・コミュニティにとって、欠かせない要素です。従業員はあなたのパートナーです。適切な環境・ツール・文化を与えれば、従業員の成長に役立ち、それがビジネスの成長に役立つでしょう。

アジャイルピットイン
信頼は獲得するものであると言わずに、肯定的に信頼するところから始めましょう。信頼できる人を雇ったわけですよね？

　誰もが人間であり、必ず間違いを犯すという事実を受け入れましょう。また、誰かが間違っていると仮定する前に、チームが成功するためのサポート、障害物の除去、リーンなプロセスをメンバーに提供したかどうかを確認しましょう。信頼が壊れてしまうのは、チームの周囲にあるシステム・文化・プロセスが壊れているからです。チームや従業員のために、修正できそうなものを常に見つけてください。

信頼関係

　信頼は周囲の人たちとの関係によって発展しています。こうした関係にはさまざまなレベルがあり、継続的に開発・維持する必要があります。図7-5に示すように、関係には水平（ほぼ同じレベルの関係性）と階層（従業員とマネージャー、年配と新人などの関係性）があります。

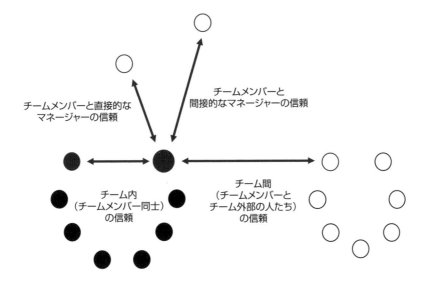

図7-5：信頼関係

ほとんどの職場では、同僚やマネージャー以外と信頼できる環境を構築することは難しい状況です。信頼関係には、チームメンバーとチームメンバーのチーム内の信頼、チームメンバーと別のチームメンバーのチーム間の信頼、チームメンバーと直接的なマネージャーの信頼、チームメンバーと間接的なマネージャーの信頼があります。

いずれのシナリオにおいても、信頼するところから始めましょう。一緒に作業している人だけでなく、誰とでもつながりを作りましょう。そうすれば、お互いに親しみや共感を抱くことができます。一緒に働くときには、誤解を減らすために傾聴を心がけましょう。従業員と従業員、従業員とマネージャーの健全な関係の構築については、第8章で説明します。

7.9 安全

健全で生産的な企業環境には、2つの種類の安全があります。1つは物理的な安全です。物理的に安全な環境とは、従業員が危険に陥ることなく、作業に集中できる場所のことです。こうした安全は、企業や政府の規制により、標準的な職場の一部となるべきです。

もうひとつは心理的な安全です。これは企業の成功の核となるものです。Googleの

調査によれば、パフォーマンスの高いチームには常に「心理的安全」があるそうです。この現象には2つの側面があります。1つは、チームメンバーは対人リスクを抱えることなく、お互いに非難されないという共通の信念があることです。もうひとつは、このような安全と説明責任の増加によって、従業員の生産性が向上し、それによって高パフォーマンスのチームになるということです。

> **Tips　アジャイルピットイン**
>
> 心理的安全とは、チームメンバーは対人リスクを抱えることなく、お互いに非難されないという共通の信念です。これと説明責任があれば、高パフォーマンスのチームになります。

　心理的安全は、従業員がアイデアを共有し、選択肢について議論し、体系的にリスクを抱え、生産的になるための安全な空間を促進する、アジャイルな環境を構築するのに役立ちます。アジャイルのマインドセットは、オーナーシップと説明責任を持ち、発見的なマインドセット、発散思考、フィードバックループによって顧客価値を学習する環境を生み出す、自己組織化チームを促進します。心理的安全を備えたアジャイルがあれば、高パフォーマンスなチームが生まれるでしょう。

　ただし、心理的安全のない説明責任には大きな不安が伴います。したがって、結果がうまくいかないときや、新しいアイデアが生まれないときは、否定的なマインドセットから離れる必要があります。従業員が心理的に安全だと感じなければ、アイデアを共有してリスクを冒す意識は低くなります。チームのオーナーシップと仕事の説明責任を忘れることなく、心理的安全を構築する方法を考えましょう。

　誰もが心理的に安全な企業を構築する役割を担っています。スクラムマスターとアジャイルコーチは、心理的安全と説明責任をチームに教育・コーチします。リーダーは、安全な環境の重要性を認識させ、それについて教育し、チームメンバーなどが冒したリスクに対する従業員の反応が肯定的なものになるようにします。また、すべてのレベルの従業員は、こうした態度やマインドセットを受け入れなければいけません。

7.10　従業員エンゲージメントの理解

　従業員にエンゲージしたことをどうやって把握しますか？　従業員のエンゲージメントのレベルを知るために、組織は何年もギャラップ社を利用してきました。ギャラップ社は何十年もかけて「Q12」を開発しました。これは、洗練された12の質問を使い、従業員が仕事にどの程度「エンゲージ」しているかを計測するものです。従業員に影響を与えるのはマネージャーや上司だと主張する人もいますが、職場にいる多くの人たちが従業員のエンゲージメントのレベルに影響を与えている、と考えたほうが現実的であるとギャロップ社は述べています。

　多くの人たちが従業員のエンゲージメントのレベルに影響を与える可能性があるならば、従業員が働く文化に注意を払う必要があります。アジャイルの観点から従業員のエンゲージメントを計測するには、アジャイルの価値と原則について議論するといいでしょう。そうすれば、個人と組織の両方のレベルにおいて強力な指針となります。

> 　**アジャイルの原則をサポートするエクササイズ**
> 12のアジャイルの原則に対する組織のサポートレベルについて、従業員に質問しましょう。サポートレベルが低いものについては、どのようなサポートが必要かを質問しましょう。そして、結果をシニアマネジメントとも共有しましょう。

　従業員のエンゲージメントのレベルを計測するもうひとつの方法は、ギャラップ社の12の質問を使い、その回答を集計することです。三角測量のフィードバックを得るために、ギャラップ社の観点とアジャイルの観点の両方を回答してもらうといいでしょう。

> **アジャイルピットイン**
> 従業員のエンゲージメントを計測し、企業にとって重要な存在であると理解しているかを確認するには、何をすべきでしょうか？　質問すればいいのです。従業員に直接質問することが重要です。

　もっと直接的な方法もあります。従業員に質問するのです。企業にとって重要な存在であると理解しているかと聞いてみましょう。協力できると感じているかと聞いてみましょう。仕事にオーナーシップを感じているかと聞いてみましょう。モチベーションがあるかと聞いてみましょう。職場環境を変更する権限があるかと聞いてみま

しょう。チームメイトやマネージャーを信頼しているかと聞いてみましょう。仕事について自己組織化することが容認されているかと聞いてみましょう。

このやり方を実施するには、質問に答えてもらえるほどの信頼されている人が必要です。あるいは、自己組織化的なやり方で、従業員が自分たちで質問し合うこともできるでしょう。

7.11 あなたの従業員の文化は？

あなたの企業には、どのような従業員の文化が存在しますか？ 自己組織化チームにフォーカスして、COMETSの価値基準やアジャイルの価値や原則と一致した文化ですか？ 従業員は顧客価値エンジンを維持するオーナーシップを感じていますか？ 従業員は自由にコラボレーションできますか？ 従業員は最善を尽くすモチベーションを持っていますか？ 従業員はエンジンを改良し、顧客価値を構築する方法を決定する権限を与えられ、自己組織化されていますか？ 従業員は自ら意思決定して、最善を尽くすと信頼されていますか？ 従業員は安全にリスクを冒すことができると感じていますか？もしそうであれば、おめでとうございます！もしそうでなければ、従業員を大切にする文化を受け入れる機会です。

7.12 参考文献

- "Drive: The Surprising Truth about What Motivates Us" by Dan Pink, Riverhead Books, April 5, 2011（邦訳『モチベーション3.0』講談社）
- "Overview of the Gallup Organization's Q-12 Survey" by Louis R. Forbringer, Ph.D., O.E. Solutions, 2002
- "VFQ Motivation", Emergn Limited, Emergn Limited Publishing, 2014
- "VFQ Communication, Collaboration, and Coordination", Emergn Limited, Emergn Limited Publishing, 2014

第8章
アジャイルエンタープライズにおける役割の進化

> あなたの役割が変わっていないとすると、あなたはアジャイル変革に参加していないのかもしれない。
>
> —Mario Moreira

　アジャイルで顧客価値駆動の企業とは、アジャイルの価値や原則と顧客価値にフォーカスして、その役割を最適化している組織です。これを実現するには、企業に変化が必要となるでしょう。第1の変化は、顧客と顧客価値の創造に向けて、従業員の役割が進化することです。第2の変化は、顧客価値をサポートするアジャイルの活動を加えながら、顧客価値に直接関係しない活動を取り除くことです。

　いずれの変化においても、既存の役割は進化するか衰退することになるでしょう。あるいは、新しい役割が生まれる可能性もあります。企業がアジャイルであるかどうかを判断するリトマス試験は、役割に変更があったかどうかを見ることです。企業がアジャイルに進化したときに役割に変化が見られない場合は、おそらくアジャイルにはなっていません。

8.1　企業の役割をアジャイルに最適化する

　組織の役割とその職務もアジャイル変革の対象です。つまり、顧客のニーズや市場の変化にすばやく適応しなければいけないということです。現在の役割とその職務は、顧客価値に向けて適応しているでしょうか？　まずは、そうした必要性を受け止めましょう。

　では、顧客のニーズや市場の変化に適応し、ビジネス成果を生み出すために、どのような役割と職務を最適化すべきでしょうか？　短い答えは「すべて」です。図8-1は、新しく登場する重要な役割と、アジャイルのマインドセットや顧客価値の提供に適応した既存の役割を示しています。

図8-1：アジャイルエンタープライズにおける役割

　求めているのは、顧客価値に直接貢献する役割です。第2章で述べたように、従業員と顧客の距離を判断するには、2次の隔たりルールが有効です。このルールは「あなたが（従業員として）顧客につながっている従業員とつながっている」というものです。顧客から離れていけば、顧客が価値だと考えているものを理解できなくなりま

す。アジャイル銀河の役割を顧客価値に合わせるには、組織の運営方法の変更が必要になります。また、役割と責任の変更も必要になるでしょう。

アジャイルの明確な役割

アジャイル銀河を見渡すと、アジャイルのマインドセットに適応し、顧客価値の提供に取り組む役割には、明確なものとそれほど明確ではないものがあることがわかります。図8-2の左の図が示すように、明確な役割はチームレベルに集まる傾向があります。しかし、アジャイルエンタープライズでは、すべての役割がアジャイルのマインドセットに適応し、顧客価値の提供に向かっていなければいけません。そうなっていなければ、顧客価値に向けて役割を整理する必要があるでしょう。

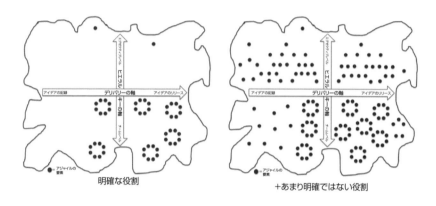

図8-2：明確な役割＋明確ではない役割＝アジャイルエンタープライズ

「明確な」役割のグループは、最初にアジャイルを適用する傾向があります。たとえば、開発チームはアジャイルを受け入れやすい役割です。一方、マネジメントは自ら変化にコミットすることなく、チームに対して「アジャイルになれ」と言うだけになりがちです。また、チームレベルのアジャイルプロセスのほうが構造的であり、多くの人に広めやすいため、組織は文化の変更を受け入れやすいでしょう。

>
> **アジャイルピットイン**
> すべての役割がアジャイルのマインドセットに適応し、顧客価値に向かうべきであることは明らかです。ただし、明確な役割とそれほど明確ではない役割があります。

明確な役割とあまり明確ではない役割をどのように適応すべきかについては、こちらからアドバイスすることができます。ですが、まずは第7章の情報を入手するところから始めるべきです。これらの章では、顧客価値駆動、顧客と従業員の重要性、アジャイル銀河のようす、アジャイルのマインドセットを導入する意味について説明しています。すべての役割がこうしたことを理解する必要があります。「明確な」役割や職務のグループには、以下のようなものがあります。

開発チーム

開発チームは、プロダクトやサービスの構築にフォーカスした人たちのグループで構成されています。これには、開発、品質保証（QA）、データベース、ユーザー体験（UX）、ドキュメンテーション、教育などの職務横断的な役割が含まれます。

アジャイルや顧客重視に向かっていくとき、開発チームは顧客のニーズを顧客価値に取り入れるために、アジャイルの価値と原則を学び、アジャイルの行動やプロセスを適用する必要があります。また、発見的で漸進的なマインドセットとプロセスも適用すべきです。そうすれば、顧客価値に向けて成果物を進化させていくことができます。開発チームは技術寄りではありますが、プロダクトオーナーからビジネス知識を取得して、顧客と顧客価値の理解に務める必要があります。

スクラムマスター

スクラムマスターは、顧客価値を構築するためにスクラムプロセスを適用しているチームのファシリテーターです。スクラムマスターは、プランニング、デイリースタンドアップ、レトロスペクティブ、デモのサポートをしながらチームをリードします。スクラムを使っていない場合は、アジャイルファシリテーターやアジャイルコーチと呼ばれます。

アジャイルや顧客重視に向かっていくとき、スクラムマスターはアジャイルのマインドセット、プロセス、プラクティスと、顧客価値の提供に向けてチームをフォーカスさせます。スクラムマスターはプロジェクトマネージャーを置き換えるものですが、アジャイルプロセスのファシリテーターやサーバントのリーダーとしてチームに働きかけます。ファンクショナルマネージャーやプロジェクトマネージャーが指示的な役割を演じてきた企業にとっては、大きな変化を伴うでしょう。

プロダクトオーナー

プロダクトオーナー（PO）は、顧客価値を考慮しながら、作業の特定と優先順位付けに責任を持ちます。また、プロダクトの進化に合わせて顧客からのインプットとフィードバックを取り込み、顧客価値を向上させていくことに責任を持ちます。

アジャイルや顧客重視に向かっていくとき、PO は顧客価値のチャンピオン（擁護者）でありオーナー（所有者）です。他の役割が担っている企業では、変更が必要になるかもしれません。PO はチームと協力しながら、メンバーに顧客のニーズと作業のビジネス的な意義を理解してもらいます。PO は顧客の代弁者であり、顧客が本当に必要としている方向にプロダクトを進めるために、顧客フィードバックを取得します。また、スプリントプランニングに貢献したり、デモに顧客を招待したりします。

> **アジャイルピットイン**
> PO は顧客価値のチャンピオン（擁護者）であり、顧客の代弁者です。顧客が本当に必要としている方向にプロダクトを進めるために、顧客フィードバックを取得します。

この新しい役割は、プロダクトマネージャーやビジネスアナリストなど、顧客と関わっている既存の役割が担うこともあるでしょう。この役割は、定期的にチームと関わることが求められます。PO は、プロダクトを顧客価値の方向に進める意思決定権を持っていなければいけません。PO の責任の詳細については、第 14 章で説明します。

プロダクトオーナーの星座

PO は、さまざまな場所からやって来るアイデアを扱います。多くのアイデアは顧客からやって来ます。また、社内からアイデアが生まれることもあります。顧客価値のアイデアをまとめるために、PO は「プロダクトオーナーの星座」を作る必要があります。これは PO が顧客価値にフォーカスできるように支援するものです。図 8-3 に例を示します。

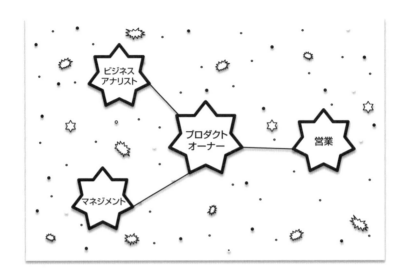

図8-3：プロダクトオーナーの星座

　顧客価値の優先順位付けと所有に責任を持つのはPOですが、その意思決定に必要なインプットを提供する役割や職務をプロダクトオーナーの星座に含めておきましょう。ここには、ビジネスアナリスト、マネジメント、営業、マーケティング、フィールドエンジニアなどが含まれます。

アジャイルのあまり明確ではない役割

　アジャイル銀河で忘れられている役割と職務領域があります。アジャイルな顧客価値駆動の企業を目指すためには、これらの役割と職務がアジャイルのマインドセットとプラクティスにもっと関わる必要があります。初期のアジャイルプロセスがチームレベルにフォーカスする傾向があったことを考えると、これは驚くべきことではありません。しかし、端から端まで、上から下まで、顧客価値エンジンにフォーカスした企業を実現するためには、企業にいるすべての人が役割を適応させる必要があります。

　このグループのメンバーには、まずはアジャイルの入門講義を受講してもらうことが多いです。これは、アジャイルの価値と原則と、アジャイル銀河の両方の軸を伝えるものです。私は「顧客価値駆動」が何を意味するかに重点を置いています。次に、自己組織化の精神を踏まえ、アジャイルのマインドセットとそれがもたらす漸進的なやり方に対して、自分の役割をどのように適応させていくことができるのか、顧客価

値の提供にどのような貢献ができるのかを参加者に質問します。その他の教育手法とガイダンスについては、第 9 章を参照してください。「あまり明確ではない」役割や職務のグループには、以下のようなものがあります。

顧客

　顧客とは、何を購入するか、どこで購入するかを選択できる人たちです。プロダクトを購入することで、お金を支払い、あなたのビジネスを維持させているのです。こうした事実があるために、顧客にエンゲージすることは最も重要です。顧客は企業の外部にいますが、アイデアを動くプロダクトにするために、初期のアイデアとフィードバックを提供します。

　アジャイルの文脈で仕事をするときは、顧客を（常に明確であるとは限りませんが）前面や中央に配置する必要があります。顧客はビジネスパートナーであり、あなたのゴールは強力な顧客リレーションシップを構築することです。プロダクトのデモには顧客も招待すべきです。そして、フィードバックを提供してもらいましょう。また、アイデアの特定、提供、顧客価値の回顧まで、すべての段階で意見を求めましょう。顧客の詳細については、第 16 章を参照してください。

エグゼクティブとシニアマネジメント

　エグゼクティブとシニアマネジメントは、企業のゴール・戦略・目的を設定し、リーダーシップとガイダンスを提供します。

　アジャイルや顧客重視に向かっていくとき、シニアリーダーは企業の戦略を変えなければいけません。アジャイルの取り組みのスポンサーとなり、アジャイルに対する賛同を広げる必要があります。メール、ミーティング、パーティーなどで、アジャイルを継続的に提唱する役割を担うべきです。アジャイルの用語と顧客価値を学び、現場に耳を傾けましょう。

アジャイルピットイン
シニアマネジメントのなかでアジャイル変革のスポンサーをしているのは 1 人だけで、その他の人たちはまだアジャイルの波に乗っていない可能性もあります。

　エグゼクティブは、顧客価値駆動企業のコンセプトをサポートする必要があります。

顧客価値を段階的に理解するために、顧客フィードバックループを使う発見的なマインドセットを提唱するのです。また、顧客価値を把握するために必要な指標を手に入れることや、顧客価値を最速で提供することなども提唱すべきです。

シニアリーダーは、企業を階層型から自己組織型に変えるべきです。従業員たちは、オーナーシップと意思決定の説明責任を感じることができれば、自らの頭と熱意を仕事に傾けてくれるでしょう。そのためには、発見的なマインドセットを持った部下を新規に採用すべきです。そして、今いる確実性のマインドセットを持った部下は、再トレーニングすべきです。

ビジネスリーダー（マーケティングや営業を含む）

マーケティングや営業を含むビジネス部門は、顧客のニーズを満たすプロダクトやサービスの開発にフォーカスします。現在の需要、市場の動向、競合、ブランド価値、全体的な顧客ニーズを理解して、顧客価値にフォーカスします。プロダクトオーナーはビジネス部門が担当し、それ以外はプロダクトオーナーの星座のメンバーになるといいでしょう。

アジャイルや顧客重視に向かっていくとき、ビジネス側（特にプロダクトオーナー）が積極的に顧客価値を獲得すべきです。ビジネス側の人たちは、全員がアジャイルを学び、発見的なマインドセットを受け入れ、段階的に運用を始める必要があります。こうした役割は、顧客から2次の隔たりにいなければいけません。また、プロダクトのビジネス関係者全員が、プロダクトのデモに継続的に参加する必要があります。

ミドルマネジメント

従来のミドルマネージャーは、エグゼクティブの戦略的ビジョンを実行したり、効果的な作業環境を作ったり、作業の調整・管理をしたり、作業を行う人たちを監督したりします。彼らがプロダクトの機能的および技術的なオーナーシップを持っていることもあります。また、部下のパフォーマンス管理やキャリア開発を担当します。

アジャイルや顧客重視に向かっていくとき、チームがアジャイルの価値と原則に従い、顧客価値にフォーカスできるように、ミドルマネージャーが健全なアジャイル文化を構築しなければいけません。チームのコーチやサーバントリーダーとなり、指示型よりも適応型に行動しなければいけません。チームが優れた決断を下し、権限範囲を構築し、安全な作業環境を作り、従業員とチームの障害物を取り除けるように、全面的に信頼しなければいけません。障害物を減らし、仕事の流れをよくする最適な

人材配置にフォーカスしましょう。継続的な教育とアジャイルのマインドの卓越したパフォーマンスによって、キャリア開発と人材開発を促進すべきです。

>
> **アジャイルピットイン**
> ミドルマネージャーは職務のリーダーシップから手を引いて、自らの役割を適応させる必要があります。現在では、PO がその役割の大半を代わりに担っているからです。

プロダクトの知識が豊富であれば、ミドルマネージャーが PO に転身することも考えられます。PO がプロダクトの方向性を握っているからです。チームに対する職務の責任が軽減されるため、ファンクショナルマネージャーやキャリアマネージャーに転身する人もいるでしょう。

ミドルマネージャーは、アジャイルに対するエグゼクティブのビジョンをチームに普及させる橋渡し役です。ミドルマネージャーがアジャイルを受け入れれば、変革は成功するでしょう。いつまでもコントロールの必要性を感じて、チームが自己組織化することを許さないようなら、アジャイルな文化への変革は阻害されてしまうでしょう。

人事

人事部門は、従業員に対するマネジメントプログラムを実行しながら、企業のプロセス・方針・標準を管理することにフォーカスします。具体的には、人材採用、労務管理、パフォーマンス管理、企業広報、福利厚生、賃金制度などに従事しています。

アジャイルや顧客重視に向かっていくとき、人事部はエンゲージされた幸せな従業員に最適化した、健全なアジャイル文化の構築を支援します。アジャイルの知識を身に付け、顧客価値駆動企業の意味を理解すべきです。従業員にコラボレーション、オーナーシップ、モチベーション、エンパワーメント、信頼、安全（COMETS）の価値を伝える必要もあります。

アジャイルのマインドセットを持つ人を採用し、個人よりもチームを重視するパフォーマンス管理を行いましょう。本章で説明したように、すべての役割がアジャイルのマインドセットを導入する必要があります。そのために、人事部から働きかけるべきです。特に、マネジメントをコーチやサーバーントリーダーのような役割にする必要があります。人事部をアジャイルに進化させる方法については、第 21 章で詳し

く説明します。

財務

　財務部門の従業員は、組織の財政の健全化に責任があります。資金調達、設備支援、人材配置の財務面にフォーカスしており、その結果として組織の需要と供給のシステムを管理します。財務の具体的な活動は、年間予算プロセスの管理と、財務健全性に関する定期的な報告・監視です。

　アジャイルや顧客重視に向かっていくとき、予算編成部門は継続的なアジャイル予算編成に取り組む必要があります。あるいは、少なくとも四半期ごとの予算編成サイクルに適応する必要があります。企業の資金をどこに投資すべきかを把握するために、顧客フィードバックの重要性と、それが顧客価値の方向性をいかに変えるかを理解する必要があります。特定のプロダクトやサービスの需要は急速に変化するため、顧客の需要や市場の状況に応じて、供給を調整するシステムを構築する必要があります。

アジャイルピットイン
ビジネス（マーケティングや営業を含む）と財務の部門は、顧客価値を捉え、発見的なマインドセットを受け入れ、漸進的に行動しながら、顧客フィードバックを適用する役目を担います。これらのすべてが、優れたビジネス成果につながるのです。

　健全な意思決定のために、財務部門はアイデアの価値に関する2つの活動に参加すべきです。1つ目は、誰かがアイデアに価値があると言ったときに、その前提や確実性の思考に疑問を投げかけることです。2つ目は、アジャイルの予算編成を提案することです。アジャイルの予算編成とは、アイデアに対して段階的に少額を投資するものです。そして、フィードバックを集めながら追加投資をしていきます。また、段階的かつ成果駆動で報告をしていきます。最後に、財務部門もアジャイルの知識を持ち、顧客価値駆動企業の意味を理解すべきです。財務とアジャイル予算編成における役割については、第19章を参照してください。

ポートフォリオマネジメント

　ポートフォリオマネジメントチームは、組織の重要な仕事を特定することにフォーカスしています。このチームは、アジャイル銀河のデリバリー軸の左側にいます。一般的には、ポートフォリオマネジメントチームは組織内のグループであり、ポートフォリオや仕事の管理基準を定義しています。また、権限を持っていて、仕事の意思決定

にも関与しています。作業の進捗状況に関する指標やレポートを提供することもあります。

アジャイルや顧客重視に向かっていくとき、ポートフォリオマネジメントチームはサーバントリーダーの役割を担うべきです。意思決定者の立場から、効果的な意思決定を可能にする立場へと移行する必要があります。検討中や進行中のアイデアを示すエンタープライズアイデアパイプラインを構築して、作業のステータスではなく、それがもたらす価値にフォーカスします。なお、パイプラインの情報は公開する必要があります。

ポートフォリオマネジメントチームは、顧客価値駆動企業をサポートする立場になります。そのためには、優先順位付けの状況とその方法、使用した前提、顧客価値の検証に適用した顧客フィードバックループ、作業に関わっているチームについて、情報を明らかにする必要があります。

また、発見的かつ漸進的なマインドセットを推奨します。大きなアイデアをいきなり開発するのではなく、アイデアを小さく分解してその価値を検証していく活動を広めるのです。また、デリバリーの価値、確率、品質、ビジネス成果（収益）について、報告することも必要です。当然ながら、ポートフォリオマネジメントチームもアジャイルの知識を持ち、顧客価値駆動企業の意味を理解すべきです。

プロジェクトマネジメントオフィス（PMO）

プロジェクトマネジメントオフィス（PMO）は、アジャイル銀河のデリバリー軸の右側にいて、プロジェクトの標準の定義とプロジェクトの支援にフォーカスしています。PMOはプロジェクトマネジメントに関与しており、チームをリードするプロジェクトマネージャーを派遣します。また、アウトプットとなる指標を提供し、プロジェクトの状況を報告します。また、プロジェクトの進捗を把握するために、ステータスミーティングを開催することもあります。

アジャイルや顧客重視に向かっていくとき、PMOの機能は大きく変わる可能性があります。アジャイルにおけるほとんどの作業は、スクラムマスターがファシリテートして、プロダクトオーナーが作業の価値と優先順位を決めるため、プロジェクトマネージャーがやるべき作業は少なくなっています。アジャイルのマインドセットを身に付け、コーチやファシリテーターとして活動できるプロジェクトマネージャーが、

スクラムマスターに転身することも珍しくはありません。

> **アジャイルピットイン**
> ポートフォリオマネジメントチームやPMOは、自らの意思決定にフォーカスするよりも、顧客価値を生み出すことを支援するサーバーントリーダーになるべきです。

　PMOをリーンなAMO（アジャイルマネジメントオフィス）に変えることは珍しいことではありません。アジャイルな環境でフォーカスすべきはプロジェクトではなく、価値の漸進的な提供です。プロジェクトを計画できるというのは、顧客価値を事前に把握できるということです。アジャイルでは、チームが価値のインクリメントを作成し、POが顧客フィードバックを収集して、プロダクトを顧客価値に適応させていきます。スクラムマスターとPOがいるので、PMOの存在は薄くなるかもしれませんが、複数のチームでプロダクトを構築している場合は、大きなリリースをPMOが管理することになるでしょう。

　PMOは、アジャイルの文化とプロセスに適応しながら、デリバリーする価値・速度・品質・ビジネス成果（収益）のレポートを作成する必要があります。当然ながら、PMOもアジャイルの知識を持ち、顧客価値駆動企業の意味を理解すべきです。

アジャイルコーチの重要性

　アジャイルコーチは、アジャイルを軌道に乗せるときに大きな役割を果たします。エンタープライズアジャイルの経験があるコーチがいると便利です。アジャイルの文化と導入知識を教えてくれるため、チームがアジャイルを効果的に導入できるからです。教育を受ければ最初の知識を獲得することはできますが、コーチがいればアジャイルの道を外れることなく、これまでの慣習に戻らないようにしてくれます。コーチは、アジャイルの導入には短期的および長期的な落とし穴があり、アジャイルには文化の変化が必要で、それには時間がかかることを理解しています。コーチがいれば、チームは効果的かつ効率的にアジャイルに移行できるでしょう。

　ただし、そのアジャイルコーチがアジャイルを本当に理解しているのか、どのレベル（チーム、マネジメント、エンタープライズ）で役に立つかを事前に評価することが重要です。たとえば、アジャイルの価値や原則を（書籍やインターネットを参照せず

に）説明できるかと質問してみましょう。また、コーチした経験のあるレベルを聞いてみましょう。各レベルについて、遭遇した課題とその解決方法を聞いてみましょう。

権限範囲

エンゲージされた従業員と自己組織化されたチームに近づいたなら、役割とその活動の境界に関するガイドを提供するといいでしょう。チームで試行錯誤しながら突き進み、何度も悪い結果を招くよりも、まずは権限範囲のコンセプトを導入することを検討してください。

権限範囲とは、仕事に関する最大の知識と経験を備えたグループの責任領域のことです。そのようなグループは、担当する仕事の権限と意思決定権を持つべきです。たとえば、企業の戦略に関する知識が最も豊富なグループはシニアマネジメントです。プロダクトの設計と構築に関する知識が最も豊富なグループは開発チームです。

企業の階層構造のなかで、権限範囲は複数のレベルで役に立ちます。簡単にするために、チームレベル、ミドルマネジメントレベル、シニアマネジメントレベルを例にあげました（図8-4）。ここに人事や財務などの部門を追加することもできます。

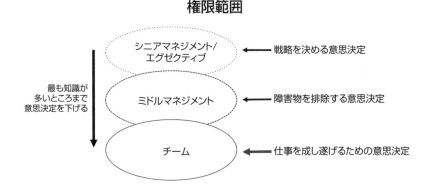

図8-4：自己組織化を支援する権限範囲

アジャイルの文脈では、情報と経験が最も多いところまで、仕事のオーナーシップと権限と意思決定を下げます。アジャイルチームの場合、POが優先順位を付けたプロダクトバックログの作業については、メンバーが自己組織化して対応します。開発チームのレベルになると、アーキテクチャ、コーディングの設計、テストの決定に関

する権限を持ち、自己組織化してプロダクトの構築に対応していきます。

　権限範囲で重要なのは、各レベルが自己組織化すべき仕事、変更する権限が与えられているもの、意思決定を下せる領域について把握していることです。もうひとつ重要なのは、各レベルが他のレベルの権限を把握していることです。また、各レベルが自分たちの持っていない権限を把握していることも重要です。

> **Tips　アジャイルピットイン**
> アジャイルの文脈では、情報と経験が最も多いところまで、仕事の権限と意思決定をできるだけ下げます。

　チームの仕事の優先順位をPOが決めるとすれば、ミドルマネジメントは何をするのでしょうか？　チームに仕事をアサインできるのでしょうか？　短い答えは「ノー」です。チームの仕事はPOから伝えられ、すでにプロダクトバックログにあるからです。仕事については、チームが自己組織化して対応します。ミドルマネジメントは障害物を取り除き、チームを最も効果的にすることで、流れを最適化することを支援します。

　シニアマネジメントは、知識と経験が最も豊富な仕事にフォーカスすべきです。シニアマネジメントの権限範囲は、企業の戦略を提供することになるでしょう。つまり、チームに戦略を理解してもらい、それに合った仕事をしてもらう必要があります。

　もうひとつの選択肢は7つのレベルの委譲です。これは、役割のレベルではなく、活動のレベルで権限範囲を示したものです。ユルゲン・アペロによって開発されたこのコンセプトは、意思決定権限の有無（あなたに権限があるか、私に権限があるか）を7つのレベルの委譲として拡大したものです。その7つのレベルは「指示する」「説得する」「相談する」「同意する」「助言する」「尋ねる」「委任する」になります。

　想像できるかもしれませんが、最初の「指示する」はマネージャーが決定権を持ち、最後の「委任する」はチームが決定権を持っているということです。「委任する」では、成果をマネージャーに伝えることもないかもしれません。意思決定の権限を放棄する準備ができていないマネージャーにとっては、少しずつ権限を移行できるところが、このモデルの価値になるでしょう。たとえば、「指示する」から「相談する」に移行すれば、意思決定をする前に情報をインプットできます。7つのレベルの委譲の詳

細については『Managing for Happiness』[4]で学べます。

権限範囲のエクササイズ
図 8-4 のような権限範囲マップを作成しましょう。まずは、エグゼクティブ、ミドルマネジメント、プロダクトオーナー、チームを記入してください。各役割の下に「これまでの文脈」と「アジャイルの文脈」の 2 つの枠を作成しましょう。そして、それぞれの文脈について、各役割のデリバリー軸の活動（価値の特定、価値の優先順位付け、価値の開発、価値の提供など）を決めます。それぞれの文脈を比較してみましょう。どのような違いがありましたか？

従業員同士の健全な関係性

アジャイルエンタープライズを構築することの大部分は、人々をうまくつなげるために役割を進化させることです。従業員たちが相互にやり取りをして、共感を抱き、協力し合う活動を促進しましょう。お互いの喜びと心配事を分かち合うことは、理解と信頼を築く有益な方法です。アジャイルでは、一緒に働くことを促進するプラクティスが数多くあります（ペアプログラミング、ストーリーマッピング、グルーミングなど）。食事や交流会などの非公式な活動で交流を深めることもできます。

アジャイルピットイン
お互いの喜びと心配事を分かち合うことは、理解と信頼を築く有益な方法です。

強いつながりは、2 人が対面しているときに起こります。コミュニケーションの大部分は非言語コミュニケーションが占めているため、対面によってお互いのことや、議論についてどのように感じているかを理解することができます。対面は物理的な接触が好ましいですが、オンラインアプリケーションを使うこともできます。物理的な対面が選択肢にないときは、仮想的な代替手段の使用も検討してください。

拠点が分散した組織では、リモートのメンバーを呼び出して、ローカルのメンバーとのつながりを深めることもあります。これは、チームメンバーがお互いをよく知るための方法です。こうすれば、コラボレーションを促進し、信頼を築くことができます。メンバーが元の拠点に戻ったとしても、構築された信頼によって関係性が強化さ

---

[4] "Managing for Happiness" by Jurgen Appello, Chapter 3, Wiley, 2016

れます。

マネージャーと従業員の健全な関係性

さまざまな信頼関係がありますが、特に重要なのは従業員と直属のマネージャーとの関係です。マネージャーには、健全で幸せな職場環境を維持する責任があります。マネージャーは、従業員との信頼関係を構築し、オープンで正直な職場を広めるために労力を費やす必要があります。マネージャーとしては、チームメンバーのことを把握し、チームメンバーから把握してもらう方法を検討しましょう。信頼を築くための重要な要素は、透明性・傾聴・誠実性・成長です。

アジャイルピットイン
マネージャーと従業員の健全な関係性を築くために、透明性・傾聴・誠実性・成長の要素を適用しましょう。

透明性とは、マネージャーが会社、部門、グループに関する情報を共有して、何が起こっているかを従業員が把握できるようにすることです。共有すべき情報には、最新の変更、戦略、グループの目標など、従業員に影響を与えるあらゆるものが含まれます。信頼関係が構築されていれば、透明性は双方向になります。マネージャーが情報を共有すれば、従業員も何が起きているかをマネージャーに共有してくれるのです。

傾聴とは、マネージャーと従業員が1対1の状況で、従業員に会話を主導してもらうことです。マネージャーが聞き手になれば、従業員のことや従業員が気にかけていることを学べます。また、従業員がいる現場（仕事をする場所）を歩くことで、傾聴を始めることも可能です。現場に立ち止まり、声をかけてみましょう。必要なものがあるかと聞いてみましょう。

誠実性とは、従業員を公平かつ正直に扱い、えこひいきを回避するということです。従業員に対するコミットメントを果たし、実際にやろうとしていることだけを約束するようにしましょう。従業員にリスクを冒すように求める場合は、安全な環境を提供してください。従業員の失敗に否定的な反応を示せば、確実に信頼を損なうことになります。その代わり、学習したこと（肯定的なところ）にフォーカスして、その学習を今後どのように成果に組み込むことができるかに注目しましょう。

成長とは、従業員の個人的な目標やキャリア形成を尊重していることを示すことです。社内と社外の両方で学習機会を提供することになりますから、社内の「昇進」という概念をはるかに超えています。従業員の目標と状況について議論できるように、定期的に確認しておきましょう。

8.2　ホラクラシー

顧客のニーズに合わせて役割を進化させるときは、ホラクラシーのモデルを参照するといいでしょう。「ホラクラシー」とは、ヒエラルキーのマネジメント構造を移動させ、自律的なチームに分散することで、企業を運営する方法です（図8-5）。ホラクラシーは、チームと個人ができることについて、明確なルールと定義を設定しています。

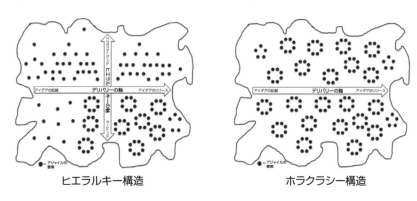

図8-5：ヒエラルキー構造とホラクラシー構造

ホラクラシーでは、チームが企業の基本的な構成要素になります。チームには重要な目的が与えられ、自己組織化して仕事に取り組み、ニーズを達成する最適な方法を自ら決定します。チームはビジネスユニットではありません。したがって、チームや個人は顧客価値の高い作業に動的に移行することが可能です。

顧客価値の観点からすると、チームは重要な目的となる顧客価値を持っています。顧客のニーズが変化すれば、チームも同様に変化するのです。チームメンバーは多くのスキルと経験を持っているため、最も価値の高い仕事があるチームに移動することもあるでしょう。

ホラクラシーはいくつかのコンセプトを利用しています。透明性は、戦略・方針・

意思決定を公開することであり、必要な情報を得るために社内政治に頼る必要はないというものです。自己組織化チームは、自分たちの仕事に責任を持ち、仕事のやり方を決め、マネージャーからのインプットなしに誰が仕事をするのかを決定します。

稲妻型のチームでは、チームを移動して異なる種類の仕事ができるように、チームメンバーに第 1、第 2、第 3 のスキル・経験・能力を持たせます。権限範囲を適用するのは、オーナーシップと意思決定の移行先である知識が最も豊富なところ（通常はチームレベル）です。また、オープンソース、アジャイルプロセス、リーンエンタープライズのコンセプトについても、ホラクラシー組織の一部と見なされます。

ホラクラシーモデルに移行する企業は、組織の構造が変化することで、多くのチームが顧客価値に取り組み、多くの従業員が顧客に近づくことを望んでいます。その場合、自動的に 2 次の隔たりのルール（すべての従業員が顧客から 2 次の隔たりの距離にいること）が適用されます。

ホラクラシーモデルに移行することが難しい従業員やマネジメントもいるでしょう。その場合は、ホラクラシーの導入を検討する前に、まずは自己組織化や稲妻型のチームを体験してみましょう。詳しくは、ブライアン・J・ロバートソン『HOLACRACY』(PHP 研究所) やフレデリック・ラルーの「進化型のティール組織」、組織を顧客価値に合わせて進化させるアジャイルのマインドセットなどを参照してください。

8.3　役割を進化させたか？

企業とアジャイル銀河全体をアジャイルに移行させ、顧客価値にフォーカスしましょう。すべての役割を顧客価値に近づけるべきです。アジャイルエンタープライズでは、新しい役割の導入、既存の役割の変化、その他の役割の最小化が見られるはずです。役割や肩書に最適化するのではなく、顧客価値を効果的に提供することに最適化しましょう。

8.4　参考文献

- "Managing for Happiness: Games, Tools, and Practices to Motivate Any Team" by Jurgen Appelo, Wiley, 2016
- "Being Agile: Your Roadmap to Successful Adoption of Agile" by Mario

Moreira, Chapter 12, Apress, 2013

- "Holocracy: The New Management System for a Rapidly Changing World" by Brian J. Robertson, Henry Holt and Co., 2015（邦訳『HOLACRACY —— 役職をなくし生産性を上げるまったく新しい組織マネジメント』PHP 研究所）

第 9 章

学習する企業を構築する

教育はトレーニングだけではない。コーチング、メンタリング、経験、実験、貢献なども含まれる。

—Mario Moreira

　今日のような変化の激しい世の中では、周囲に存在するあらゆるものが変化し、新しい技術・プロセス・文化に向かって進んでいます。このような状況では、自ら学習する機会を作ることが重要です。学習すれば、業界の最新のトレンドや方向性に遅れることなく、新しいコンセプト、テクノロジー、プラクティスを仕事に取り入れることができます。
　継続的に学習するアジャイルエンタープライズに突入しましょう。このような企業は、成功をもたらすのは人間（従業員と顧客の両方）であることを理解しています。アジャイルソフトウェア開発宣言にも同様の意味を持つ「プロセスやツールよりも個人と対話」があります。個人を教育すれば、個人が企業の適応を助けてくれるのです。従業員は顧客価値駆動エンジンのメカニックであることを覚えておきましょう。アジャイルと顧客価値の方法で教育すれば、従業員は企業の成功を助けてくれます。
　継続的に学習する企業は、さまざまな方法でさまざまな情報源から学習できることを理解しています。顧客価値の学習に終わりがないように、アジャイルにも最終状態

がないことを信じています。チームが自分たちの仕事に集中するために目的を持つように、企業も目的を持ち、その目的を達成するためにさまざまな教育を実現させるべきです。

アジャイルピットイン
顧客価値の学習に終わりがないように、アジャイルにも最終状態はありません。どちらも時間をかけて適応していくものです。

図9–1に示すように、顧客価値を達成するという目的があれば、企業は、文化・プロセス・スキル・教育にフォーカスできます。アジャイルは顧客価値を提供する手段なので、顧客価値の提供に必要な教育が話題の中心となります。

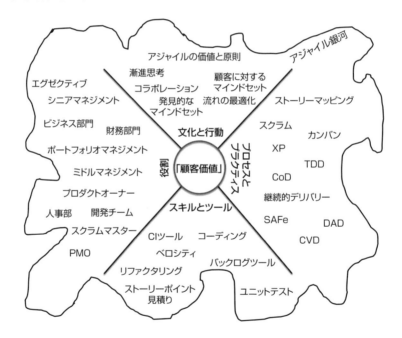

図9-1：顧客価値の提供という重要な目的にフォーカスした学習

アジャイルは仕事に対する文化を変えるため、まずはアジャイルの価値と原則とポジティブなビジネス成果の重要性を学習し、マインドを変える準備を整える必要があります。また、アジャイルの旅に必要な文化的な変化を理解する必要があります。次

に、旅をするために必要なアジャイルのプロセス、プラクティス、スキルを学習しなければいけません。最後に、アジャイルを経験・学習するために、アジャイルのマインドセットに変えてくれるガイド（コーチ）に参加してもらう必要があります。もちろん、継続的な学習を進めていくなかで、フィードバックを取得しながら、教育のニーズに適応していく必要があります。

9.1　教育はトレーニングだけではない

　アジャイル教育をトレーニングだけで終わらせていませんか？　数時間から数日のトレーニングを受けるだけで、アジャイルを習得して適用できるようになると主張する人が数多くいます。アジャイルは記憶するだけで適用できるようになるプロセスやスキルではありません。限られたトレーニング時間だけで十分なのでしょうか？　おそらく不十分でしょう。時間が足りていないので、アジャイルの効果的な導入にも制限がかかります。

　教育は人間に対する投資です。文化を変えるには、時間をかけて漸進的に学習していく必要があります。ある企業で有効だったものが、他の企業でも有効であるとは限りません。教育はアジャイル変革の本質的な部分であり、そこにはスキル・役割・プロセス・文化の教育や、経験や実験ができる行動教育などが含まれます。

アジャイルピットイン
継続的な学習とは、イベント型のトレーニングだけではありません。読書、コーチング、メンタリング、経験、実験、継続的な貢献なども含まれます。

　企業の文化を変えたいときは、スキル獲得だけではない「教育」が必要です。文化の変化は最も大きな変革であり、組織が適応するのに長い時間を必要とします。図9-2に示したように、変化をサポートするために、アジャイルのスキル・役割・プロセス・文化の実現に適した教育の要素が必要です。これらの要素には、トレーニング、メンタリング、コーチング、経験、実験、ふりかえり、貢献などが含まれます。そして、文化を変えるには、これらの要素を含める必要があります。

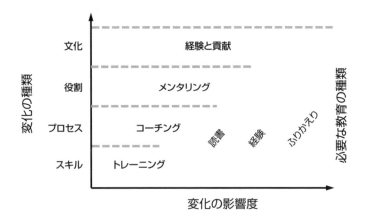

図9-2：さまざまなレベルの変化と教育の要素

　「トレーニング」は、企業が従業員にスキルを習得させたり、役割について教育したり、プロセスを展開したりするときに適用します。通常はイベント型であり、一方的に知識を伝達することになります。既存の文化に戻ると、トレーニングで学んだことが台なしになることもあります。また、すぐに適用しなければ、内容を忘れてしまうでしょう。コーチングによって、トレーニングを再確認することができます。トレーニングは決められた日程でインストラクターが実施します。あるいは、あらかじめ教材を用意しておけば、ウェブベースでオンデマンドでも実施可能です。

　「読書」は、自分の興味のあるトピックに自分のペースで取り組むことができます。ただし、モチベーションを自分で高める必要があります。読書には物理的な本や電子書籍が使えます。また、記事・雑誌・ポッドキャスト・ブログから情報を取り入れることも含まれます。読書には、気になった記事・章・セクションに戻れるという利点があります。また、チームやグループで読書会を開き、議論しながら本を読むこともできます。

　「コーチング」は、プロセスの知識と役割をチームの行動につなげ、文化を変える基礎を築くものです。コーチングは質疑応答を繰り返す双方向のコミュニケーションです。コーチがいなければ、プロセスを誤って適用したり、諦めて元のプロセスに戻ったりします。コーチにはこれまでに旅の経験がありますから、適切な振る舞いでプロセスやプラクティスを望むべき文化につなげるまで、あなたを支援してくれるでしょう。

　「メンタリング」は、人間関係と自信や自己認識の構築にフォーカスしています。

メンタリングを受ける人（メンティー）が時間を投資して、議論する話題を提供します。メンタリングは双方向のコミュニケーションです。メンターは質問しても答えを急かしたりしないので、深い学習が可能になります。メンタリングによって、企業にいる個人は文化における自分の立場を理解できるようになるでしょう。

「経験」は、新しいプロセスでの活動、スキルの適用、新しい役割の経験にフォーカスしています。経験は、1次情報に接することのできる学習であり、必要とされる行動の変化を深く理解できるようにするものです。また、さらに深い疑問・探求・実験などを可能にします。

「実験」は、提案された変化をテストするために、短期間だけ新しいものを試してみるというものです。変化は「これならうまくいく」という仮説から始まります。そして、新しいアイデアに効果や改善があるかを確認するために、仮説から小さなテストを作ります。実験は、完全に何かを変えてしまう前に、コンセプトやプラクティスを試す方法です。

「ふりかえり」は、スキル・プロセス・役割・文化など、これまでに学習した内容を検討し、もっと改良できることや、学習の旅に必要なものを決めることにフォーカスしています。従業員、チーム、企業レベルで実施するアジャイルレトロスペクティブとも似ています。ふりかえりは、これまでどこにいて、アジャイルの文化と顧客価値駆動企業を達成するために、これから何が必要かを検討するフィードバックループです。

アジャイルピットイン
従業員が自分のコミュニティに貢献することを喜んで受け入れると、それはアジャイルの変革に自ら取り組むことを示しています。

「貢献」は、従業員が十分な知識・スキル・経験を獲得して、元のコミュニティに還元し始めたときに発生します。これは、自分以外の誰か助けるというコミットメントです。自分も文化を変える担い手であることを感じることができます。こうした貢献は、企業、地域のコミュニティ、さらに大きなコミュニティにもたらすことができます。

アジャイルの文化を達成するには、上記の教育要素のすべてが必要です。これらの

要素によって、チームはスキルを高め、役割を学び、プロセスを進め、アジャイルのマインドセットにつながる行動の変化を把握できるようになります。あなたの学習にもこれらの要素を適用しましょう。

9.2 アジャイル教育の宇宙

　図9-1に示したように、アジャイルのマインドセットと顧客価値を実現するには、さまざまなトピックが求められます。アジャイル銀河の文脈では、デリバリーライフサイクルの初期の部分を学習できます。アイデアを生み出してから、優先順位付けして、プロセスを適用し、モチベーションと信頼を優先事項にするところです。学習に限界はありません。

　学習とは旅であり、トピックによって異なる教育要素を適用できます。複数の角度から見ることで、完全に理解できるようになるトピックもあります。また、アジャイルの文化の基礎となる重要なトピックも存在します。プロセスや役割のトピックから始めるのではなく、まずはアジャイルの文化の気持ちの準備になるトピックにフォーカスしましょう。

気持ちの準備になるアジャイル教育

　アジャイルは文化の変化を必要とするので、まずは企業の現在の文化にフォーカスするところから始めましょう。従業員にアジャイルの価値と原則や必要となる行動の変化を教育し、気持ちの準備をしてもらいましょう。プロセスや役割から始めてしまうと、アジャイルは構造だという先入観を持ってから、マインドセットを覚えていくことになります。

> **アジャイルピットイン**
> アジャイル教育の初期のトピックは、アジャイルの価値と原則、発見的なマインドセット、自己組織化チームといった、文化の変化に関することにしましょう。

　私がアジャイルの変革を始めるときは、最初のセッションでアジャイルの価値と原則を説明します。そして、アジャイルの価値に優先順位を付けてから、議論や検討を

始めてもらいます。それから、アジャイルの各原則について、賛成・中立・反対を表明してもらいます。中立や反対の場合は、議論を続けます。従業員を説得することではなく、議論をすることが目的なので、各原則に費やす時間は5分です。マインドセットの変化には時間がかかることもあるので、急がせてはいけません。

最初のセッションが終わったら、2つの軸を強調しながらアジャイル銀河と顧客価値駆動企業の意味を説明します。アジャイル銀河のどのあたりに一般的なアジャイルが適用されているかを説明するので、受講者は自分たちのアジャイル銀河の状態を把握できます。次に、期待される発見的なマインドセットと行動について説明します。これには、自己組織化や権限範囲に対するフォーカスなども含まれます。

すでにお気づきかもしれませんが、最初のうちはアジャイルのプロセスや役割については一度も言及していません。その代わり、アジャイルに対する気持ちの準備やマインドセットの教育にフォーカスしています。

アジャイル教育の宇宙にあるトピック

巷にはアジャイル教育がいくつも存在しています。そして、その多くはアジャイルのプロセスと役割にフォーカスしています。あなたのアジャイル教育では、アジャイルの文化とマインドセットに必要な行動を強調してください。それが、アジャイルの旅では重要です。また、顧客価値の提供に関する知識の教育にもフォーカスしておきましょう。

教育トピックを検索していたときに、EmergnのVFQ（Value, Flow, Quality）[1]のカリキュラムを見て感動しました。VFQはアジャイルのプロセスや役割にも触れていますが、アジャイルエンタープライズを効果的に運用する多くのコンセプトが網羅されています。VFQは、早めに頻繁にデリバリーすること、デリバリーの高速化のために端から端までの流れを最適化すること、フィードバックループの高速化のためにフィードバックを強化することなど、価値の高めるトピックにフォーカスしたものになっています。VFQが扱っているトピックをいくつか紹介しましょう。

---

[1] Emergn Limited, Emergn Limited Publishing, 2014

なぜ変わるのか？	早めに頻繁に（価値を）デリバリー	流れの最適化	フィードバック
チーム	モチベーション	コラボレーション	コミュニケーション
顧客を理解する	要求	優先順位付け	見積りと予測
トレードオフ	バッチサイズ重要	WIP（Work in Progress）	キューに着手

　さらに、アジャイルのプロセスや役割以外のトピックも数多く存在しており、アジャイルの文化の構築と顧客価値の提供にもフォーカスしています。以下のようなトピックです。

アジャイルの価値と原則	サーバーントリーダーシップ	自己組織化チーム	権限範囲
多元型グリーンと進化型ティールのパラダイム	ホラクラシー	学習の文化	コーチングとメンタリング
顧客価値駆動企業	高パフォーマンスチーム	稲妻型のチームとT型チーム	チームワーク
ペルソナ	顧客フィードバックビジョン	フィードバックループ	ユーザーストーリー
信頼	守破離	ストーリーマッピング	タックマンモデル
発見的なマインドセット	仮説思考	発散思考	漸進思考
確実性の思考と認識的な傲慢	前提を疑う	遅延コスト（CoD）	遅延/期間のコスト（CD3）
遅延指標から先行指標までの道筋	要求の階層	ベロシティ	リーンキャンバス
作業分解（アイデアからタスクへ）	完成の定義	アジャイル予算編成	アジャイルにおける需要と供給
心理的安全	セルフマネジメント	アジャイルガバナンス	5R アイデアマネジメント
ゲーミフィケーション	バリューストリームマッピング	アジャイル UX	アジャイルデザイン

　アジャイルの役割やプロセス以外のトピックが、この2つの表で提供されています。これらのトピックを学ぶことで、チームや企業のアジャイル銀河にアジャイルを適用する方法を理解できます。学習する内容が多いことを知れば、さらにアジャイルの旅を続けることができるはずです。

　最後に、どのようなトピックの教育を受けたとしても、アジャイルの価値と原則を定期的に確認することを強くお勧めします。アジャイルの経験を積んでいけば、アジャイルの価値と原則をさらに理解できるでしょう。熟練者の教育では、インストラ

クターである私がアジャイルの原則を説明するのではなく、受講生に説明してもらうようにしています。そして、説明が正確で明確であったかを全体に質問します。さあ、議論開始です!

9.3　業務ベース学習の重要性

　業務ベース学習（Work-Based Learning）とは、学習したトピックは実際に適用すべきであるという教育のアプローチです。発見的なマインドセットをサポートし、深いレベルの学習を提供します。学習者の1次的な体験は、深い学習環境となるはずです。

　VFQの教育では、組織がアジャイルやビジネスに関するトピックを学び、それを実践に適用すれば、即座にビジネスメリットを得ることができる、という業務ベース学習のアプローチをアレックス・アダモポロスが採用しています。学習者はトピックについて学び、クラスで演習し、それを実際の作業環境でチームメンバーと一緒に適用するのです。

アジャイルピットイン
業務ベース学習は、理論だけで終わらせずに、学習したことを実際の作業環境に適用するものです。

　同様のアプローチに「学習・適用・共有のモデル」があります。これは、クラスでトピックを学び、それを演習に適用して、実際の仕事の状況で使い、最後に他の人に共有・説明するというものです。他の人に説明すると、理解が深まり、次の学習機会へとつながるのです。

　継続的な学習のコンセプトをさらに広げると、アジャイルのトピックを学ぶだけでなく、「顧客価値までの道筋」についても学ぶことができます。学習する企業は、プロセスやツールを学ぶだけではありません。従業員がお互いに学ぶことや、顧客からも学べることを認識しています。顧客価値を獲得するために、発見的なマインドセットと複数の顧客フィードバックループが必要になるのと同様に、アジャイルな方法で顧客価値を獲得するには、複数のアジャイルのトピックが必要になります。

9.4 アジャイル教育のビジョン

　アジャイルは文化の変化です。多くの人が考えているよりも大きな文化の変化です。文化を変えてビジネスメリットを得るために、アジャイルと顧客価値に関するトピックがいくつもあることを本章では学びました。また、教育を受ける方法が複数あることもわかりました。では、アジャイル教育を管理しやすく整理するには、どうすればいいでしょうか？

　アジャイル教育のビジョンを考えましょう。これは、適応型の教育ロードマップであり、トピックや教育要素を反復的に計画・適用して、アジャイルの文化への変革をサポートするものです。このビジョンは、従業員、チーム、企業に適用することができます。

アジャイルピットイン
アジャイル教育のビジョンは、アジャイルな文化への変革をサポートするために、反復的に計画・適用することのできる教育トピックのバックログです。

　アジャイル教育のビジョンは、ニーズに応じた教育トピックのプロダクトバックログだと考えることができます。各イテレーションでは、アジャイルのマインドセットを達成するために必要なアジャイルの知識・スキル・能力を構築する教育が提供されます。イテレーションの開始時に、現時点で最も重要なトピックを追加・優先順位付けすることもあります。

- 「従業員」レベルに適用する場合、アジャイルと顧客価値の達成方法を理解するために、どのような教育をすれば、スキル、プロセス、経験の向上に役立つかを質問します。従業員は、ストーリーポイント見積りに関する知識を増やしたり、実際の顧客に会って新しい経験を得たりすることで、個人の学習の目標を設定します。
- 「チーム」レベルに適用する場合、アジャイルのチームワークと作業の流れを改善するために、どのような教育が役立つかを質問します。チームは、ユーザーストーリーから作業に分解するために、コラボレーションや学習に

フォーカスした目標を設定しています。自己組織化チームの精神においては、アジャイル教育のビジョンもチームとその教育ニーズによって、自己組織化されるべきです。

- 「企業」レベルに適用する場合、すべての役割を顧客に近づけ、組織全体をアジャイルのマインドセットに移行し、顧客価値駆動になっていくために、どのような教育が役立つかを質問します。まずは、すべての従業員がアジャイルの価値と原則を持てるように、基本的なアジャイル教育から始めましょう。その後、顧客のニーズを満たすために、自己組織化チームと発見的なマインドセットを適用しましょう。

時間のかかる教育項目（1日のトレーニングや読書など）の場合は、それらをストーリーにして、ストーリーポイントで価値を表すといいでしょう。所有者が項目に取り組んだら、ストーリーカードをボードで動かして、教育の状況を示します。こうすれば、その教育項目には価値があることや、教育項目が完了するまでの進捗を示すことができます。

チームをどのように教育しますか？　時間をかけてさまざまな教育要素を蓄積していけば、全体的な視野が明確になり、あなた、チーム、組織に役立ちます。目標をアジャイルに近づけるには、自己組織化された教育ビジョンを適用しましょう。従業員が自ら学習し、行動し、コミュニティに貢献したくなるような、自己組織化された教育文化を作りましょう。

アジャイル教育のビジョンを作るエクササイズ
個々の教育ニーズを考慮して、これまでのアジャイル教育の内容を文書化してください。「アジャイル教育の宇宙にあるトピック」にある2つの表を読み返してください。詳しく知りたいトピックを少なくとも3つ決めてください。意欲があれば、チームと一緒に同じことをやってみてください（チームがこれまでに受けた教育内容を文書化し、詳しく知りたいトピックを少なくとも3つ決める）。そして、選んだトピックの1つについて、2週間以内に教育を受けましょう。

アジャイルのコミュニティを構築する

　教育のもうひとつの形態は、広範なアジャイルのコミュニティに関わることです。アジャイルのコミュニティを構築することで、オンラインやオフラインでサポートが得られます。従業員が協力してお互いに教育し合うプラットフォームになるでしょう。このプラットフォームでは、進捗や成功話の共有が奨励されます。従業員には、知識を共有し、コミュニティに貢献する機会を提供します。健全なアジャイルコミュニティの構成要素には、以下のようなものが含まれます。

プラクティスを共有するウェブサイト
　　アジャイルの文化を確立できたら、文化・プロセス・用語集・教育の指針などの情報をウェブサイトに置いて、チームがアクセスできるようにします。

オンラインコラボレーションの場
　　アジャイルの旅の途中の人たちがチーム外の人に疑問を投げかけ、考え・アイデア・教訓を聞き出すオンラインのスペースです。他の人からの質問に答えることもできます。このスペースは、さまざまなトピックについて協議・協力する機会を提供します。また、ブログ記事を共有する場所でもあります。

ライブフォーラムの場
　　これは、アジャイルコーチが最新情報を提供したり、チャンピオンがコミュニティに貢献したりする場です。最新の進捗状況の共有やリーダーによるアジャイルのサポートの場として、セミナーやウェビナー（オンラインセミナー）も開かれます。

9.5　学習する時期か?

　あなたは継続的に学習する企業で働いていますか？　継続的な学習のマインドセットを導入すれば、学ぶべきことがたくさんあり、そこで得られた知識が企業の成功に役立つことをみんなに理解してもらえます。アジャイルの文化を実現するには、教育要素のすべてが必要です。時間をかけてさまざまな教育要素を蓄積していけば、全体的な視野が明確になり、あなた、チーム、組織に役立ちます。

あなた、チーム、組織のために、反復的で適応型のアジャイル教育のビジョンを構築してください。それがアジャイル変革の実現や顧客価値の提供につながるでしょう。従業員が自ら新しいトピックを学びたいと願い、自分と企業を成功させる、自己組織化された学習文化を作りましょう。

第 10 章

発見的なマインドセットを適用する

> 顧客価値を認識する最善の方法は、発見に対してオープンになることだ。
> —Mario Moreira

　宇宙探査に大きな動きが起きたのは、私たちが世界の外側にあるものを発見したいと切望したからです。宇宙の旅の前には、ポルトガル、イタリア、イギリス、スペイン、ノルウェー、オランダ、中国の探検家たちが、地上の未開の地を探索しました。未知のものを発見し、リスクを管理したいという願望のために、発見的なマインドセットが適用されたのです。

　ポルトガル人は、最初の航海でインドにたどり着くことができませんでした。しかし、回を重ねるごとに着実に距離を伸ばしていきました。これにより、航海で学んだことをポルトガルに持ち帰ることができました。地図作製者は、探検家が提供した、地形・海の災害・潮の流れ・地域の動植物の情報をもとに地図を更新し、次の航海の海図を作製しました。

　宇宙探査に携わる人たちも同様の経験をしました。人類が大気圏を突破したのは、月面着陸のときがはじめてではありません。テクノロジーの限界をテストしながら、ロケットを何度も打ち上げ、宇宙までの飛距離を伸ばしていきました。地球と宇宙の両方で探査をするなかで、さまざまなイノベーションが起こり、次の宇宙探査を可能

にしたのです。

　発見的なマインドセットとは、不確実性を認識し、さまざまな思考アプローチを適用することで、領域の外側にある多くの知識を段階的に収集し、継続的に学習する信念のことです。これには、学習に対する好奇心とイノベーションの推進力の組み合わせも含まれます。発見的なマインドセットは、行き当たりばったりでさまようのではなく、情報にもとづいた旅になるように、体系的な概念を適用するものです。

アジャイルピットイン
発見的なマインドセットとは、不確実性を認識し、さまざまな思考アプローチを適用することで、領域の外側にある多くの知識を段階的に収集し、継続的に学習する信念のことです。

　発見的なマインドセットでは、行動しながら学習したり、知らないことにフォーカスしたり、さまざまな思考アプローチを使ったりすることで、顧客価値につながる知識を獲得します。発見的なマインドセットは、確実性の思考や、事前に用意した大きなバッチのアプローチを回避します。

10.1　ビジネスのための発見的なマインドセット

　ビジネスの観点からすると、発見的なマインドセットによって、誤った確実性に資金を費やすことなく、学習した方向に進めることができます。間違った方向に進んでいるとわかったときは、軌道を修正しましょう。

　発見的なマインドセットには、主に4つの利点があります。1つ目は、顧客価値と（うまくいけば）プロダクトの成功に向けて適応できることです。2つ目は、初期段階に未知のことが減り、顧客価値の発見に注力できるため、イノベーティブな仕事の役に立つことです。3つ目は、変革に関することです（発見には小さく作業を進めることも含まれます）。長期的で未知な未来にコミットするよりも、短期的な実験にコミットしやすくなるでしょう。4つ目は、企業の仕事のアプローチを経験主義で規律のあるものに移行できることです。

10.2　発見による文化の強化

　第5章では、アジャイル銀河で文化を活性化させることの重要性を説明しました。このことは、チームだけでなく、マネジメントや運営（人事や財務など）まで含めた、銀河にいるすべての役割が、アジャイルと発見的なマインドセットを受け入れなければいけないことを意味しています。図10-1に示すように、これはアジャイル銀河を3次元に拡張します。

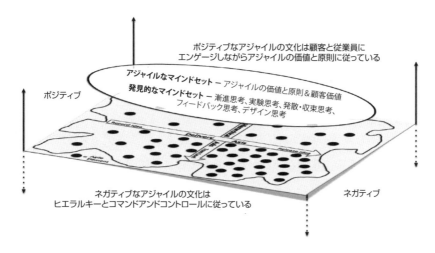

図10-1：発見的なマインドセットが存在するアジャイル銀河の3次元

　アジャイル銀河の3次元のなかに、発見的なマインドセットと思考のアプローチが存在します。発見的なマインドセットは、第7章で紹介したアジャイルの文化のCOMETS（コラボレーション、オーナーシップ、モチベーション、エンパワーメント、信頼、安全）を補完するものです。COMETSはアジャイル銀河にいる人たちの特性ですが、発見的なマインドセットは顧客にとって価値があるものを体系的に学習するアプローチです。いずれのゴールも積極的な行動を促進することです。3次元の視点によって、出発地点、発見的なマインドセットが発生するところ、フォーカスが必要なところを理解できます。

10.3　発見的なマインドセットを持って進む

　構造的なプラクティスではなく、発見的なマインドと思考のアプローチを使い、アジャイル変革を開始すると想像してみてください。マインドセットにフォーカスして進む利点は、それが人々に求める行動の基礎になることです。また、アジャイルがプロセスやプラクティスを適用する構造的なものであると勘違いしてしまう罠を回避できます。

>
> **アジャイルピットイン**
> 発見的なマインドと思考のアプローチで進んでいけば、アジャイルな文化に必要な行動や顧客価値に対する適応の基礎になります。

　第 5 章で説明したように、アジャイルのプロセスとプラクティスを構造的に導入すると、アジャイルの文化的な側面が忘れられてしまう傾向があります。アジャイルは文化的な変化です。発見的なマインドセットにフォーカスして、文化的な観点からアジャイル変革を開始しましょう。発見的なマインドセット、思考のアプローチ、アジャイルの価値と原則の心の準備をしておくと、プロセスやプラクティスを適用したときに正しい行動ができるようになります。

　では、発見的なマインドセットを可能にする思考のアプローチとは何でしょうか？ それは、漸進思考、実験思考、発散・収束思考、フィードバック思考、デザイン思考です。最高の結果をもたらすために、これらは並行して使用します。たとえば、デザイン思考には、漸進思考と発散思考が含まれます。実験思考には、漸進思考とフィードバック思考が含まれます。発見的なマインドセットは、これらをすべて含んでいます。

10.4　漸進思考

　漸進思考とは、小さな断片や短い時間で思考を受け入れるアプローチです。限られた知識で大きな賭けをするのではなく、小さく賭けるようにして、現在のインクリメントから学んだことを次のインクリメントの方向修正に使用します。こうすることで、リスクが軽減され、間違った道筋に投資することを回避できます。

　アジャイルには、イテレーションとインクリメントという概念があります。これら

の2つの概念は、実際には異なるものですが、同じ意味で使用されることがあり、混乱が生じています。イテレーションは、チームが何かを構築する期間のことです。スクラムでは、この期間（1〜4週間）をスプリントと呼び、チームが成果物を生み出す期間としています。そして、イテレーションの成果をインクリメントと呼びます。

インクリメントは、イテレーションの成果です。アジャイルの価値と原則に従っていれば、動くソフトウェアやプロダクトが成果となるはずです。このことは漸進思考とも関連しており、大きなバッチでデリバリーするのではなく、「動くソフトウェアを、2〜3週間から2〜3か月というできるだけ短い時間間隔でリリースします」というアジャイルの原則に従い、小さなバッチで考えることが求められます。図10-2は、顧客価値につながる漸進思考のアプローチを示しています。

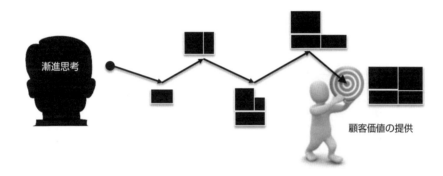

図10-2：顧客価値を提供するための漸進思考の適用

漸進思考は、顧客価値の学習をサポートします。偽りや傲慢の確実性という危険な態度を捨て去り、顧客のニーズの探索を可能にします。なお、顧客のニーズは事前に決めるものではなく、顧客が価値だと考えるものを反復的に学習していきます。そのために、顧客が検査してフィードバックを提供できる、プロダクトインクリメントを構築します。

10.5　実験思考

実験思考は、体系的な方法で確実性に近づくためのものです。推測するのではなく、次の動きの仮説を立て、科学的にアプローチします。これは、顧客価値を特定する厳密な方法を提供するものです。

プロジェクトの開始時は、顧客のニーズに関する情報や証拠が最も少ないときです。推測するのではなく、現在利用可能な情報と正しいと思う方向性にもとづいて、次のインクリメントの仮説を立てましょう。

図10-3に示したように、実験を行い、計測可能なデータとフィードバックループを適用して（顧客のデモなどで検証して）、学習したことを見極めましょう。この結果が知識になります。また、仮説が有効であるか無効であるかによって、次に進むべきところが決まります。そして、学習したことを次の実験に取り入れ、適応していきます。

図10-3：顧客価値に対する実験思考の適用

ビジネスや新しいプロダクトのアイデアという文脈で考えると、発見的なマインドセットを使うことで、どのようなアイデアが顧客にとって価値があるかを体系的に学ぶことができます。すべての変更（新機能の追加、既存機能の変更や削除など）は仮説から始めるべきです。

仮説の力

仮説とは、開始時点の証拠にもとづくアイデアや想定のことです。こうした仮説の要素となるのは、顧客のニーズに関する仮説文、タイムボックス化されたイテレーション、検証に必要な顧客フィードバックなどです。つまり、これから進む方向性を推測するだけでは、もはや不十分です。

仮説の検証結果は、判決を意味するものではありません。顧客価値を軌道修正するものです。仮説を適切に立てることができれば、引き続き仮説を作ることができるでしょう。仮説がないのであれば、受け取ったフィードバックをもとに新しい仮説を立てましょう。

> **アジャイルピットイン**
> 顧客が望んでいることを学ぶ最善の方法は、仮説を立ててから、それが有効かどうかを判断するために、実験をすることです。

　仮説文には、試そうとしている変更、変更に期待する影響、影響を受ける対象を含める必要があります。「変更」には、名前（機能やアプリなど）を含める必要があります。「影響」は、現在の指標の増減を定量化し、データ駆動にする必要があります。「対象」には、ペルソナや市場セグメントを含める必要があります。また、実験の期間を含めることもあります。以下に3つの例を示しましょう。

- 新しい機能は、次のデモまでに現在のユーザーベースの60%に受け入れられる。
- 新しいチェックアウトのデザインは、ショッピングカートに商品を入れている顧客のドロップ率を30日間で30%低下させる。
- 新しいアプリは、モバイルアプリユーザーの収益を4週間で10%増加させる。

確実性を構築する活動を「実験」と捉えるべきです。あらゆる仕事において（顧客価値を扱うときは特に）発見的なマインドセットが重要です。

10.6　発散・収束思考

　発散思考は、制限をかけずにアイデアやソリューションを数多く生み出せるように、コラボレーションを促進しています。アイデアの共有と議論のために割り当てられたタイムボックスが終わり、選択肢が決まったら、次は発散思考の対となる収束思考ですばやく合意を得ます。このようすを図10–4に示しました。

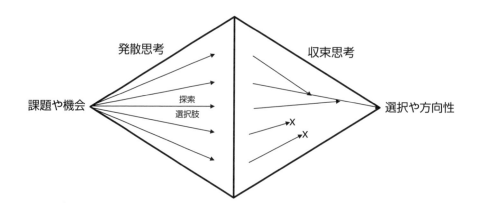

図10-4：発散思考と収束思考

　伝統的な発散の技術に「ブレインストーミング」があります。これは、アイデアを非構造的な方法で発想することにフォーカスしたものです。ただし、ほとんどの企業はペースが速く、他の人の意見（自分の意見も含めて）を批判してしまい、ブレインストーミングを切り上げてしまうことが少なくありません。したがって、全員からすべてのアイデアが出てくるように、議論の前に10分間の沈黙時間を作ることをお勧めします。

　こうすれば、みんなで議論せずにアイデアを発想できるので、声の大きな人にアイデアをかき消されることがありません。素晴らしいアイデアを持った静かなチームメンバー（内向的な人）が数多く存在します。発散的な「沈黙」の時間を作れば、才能のある内向的な人のアイデアを取り上げることができます。発散思考で重要なのは、アイデアやソリューションを制限しないことです。すべてのアイデアに価値があります。

　発散のタイムボックスが終わったら、収束思考を開始します。収束思考は選択肢を体系的に制限し、1つの方向に集中するアプローチです。発散思考から生まれたアイデアや可能性のあるソリューションについて、そのすべてを扱うことはできません。

　収束段階では、さまざまなテクニックを使い、アイデアをまとめていきます。たとえば、アイデアの共通のテーマから類似点を見つける親和図法があります。あるいは、課題を解決する最も優れたアイデアに対して、個人が静かに赤いドットシールを投票することで、議論することなく優先順位を付ける方法もあります。この場合、獲得投票数の多いアイデアから議論して、最終的に最も優れたものを選択します。

発散思考の価値はなかなか注目されません。協調的なブレインストーミングに数時間かけてアイデアを生み出したとしても、ソリューションの構築に数千時間も費やしているのと比べると、ほんのわずかな時間だからです。ですが、そのわずかな投資が多くの選択肢を生み出すのです。

また、発散と収束は連続的に起こります。たとえば、イテレーションやスプリントの開始時に、顧客がユーザーストーリーでニーズを表現するとします。そのときにすぐに構築を始めるのではなく、まずは計画段階で発散思考を使い、選択肢を考えます。イテレーションが開始したら、今度は収束思考を使い、ユーザーストーリーの選択肢を検討します。

アジャイルピットイン
他の人から見て、新しいアイデアを歓迎しているのか、選択肢を絞っているのかがわかるように、「発散思考モード」と「収束思考モード」のどちらにいるかを表明することが重要です。

「発散思考モード」と「収束思考モード」のどちらにいるかを表明することが重要です。他の人たちが収束に向かっているのに、発散に向かう人がいます。どちらのモードにいるかを表明しておけば、人間関係の緊張状態が緩和されるでしょう。

最後に、定期的に進捗を求める組織の場合、意図するしないにかかわらず、収束思考に偏ることがあります。これでは、イノベーションや可能性のあるソリューションを受け入れられなくなります。そのような組織は、明示的に発散思考を実施したほうがいいでしょう。

発散と収束のエクササイズ
部署の机の配置について、2人に3分間ほど議論してもらいましょう。始める前に、片方だけに発散モードでアイデアを出すように伝えておきます。もう片方には収束モードでアイデアを絞り込むように伝えます。結論が出たら、会話のようすはどうだったかと質問しましょう。それはイライラするものだったでしょうか？ これまでに同様のイライラを感じたことはあったでしょうか？

10.7 フィードバック思考

フィードバック思考とは、フィードバックを価値につながる情報だと認め、受け入れる信念のことです。フィードバックを集めれば、確実性のマインドセットを退けることにもなります。なぜなら、事前に設定した顧客価値が、顧客が実際に価値があると考えているものとは異なることが多いからです。フィードバック思考で重要となるのは、顧客からフィードバックを集めることではなく、それを顧客価値につなげることです。

確実性のマインドセットを持ち、顧客フィードバックの収集や適用をしておらず、顧客にプロダクトを構築して提供する価値を直感的に理解していない組織にとっては、フィードバック思考を適用することは大きな転換となります。デリバリー軸の多くの領域でフィードバックループを繰り返しながら、顧客フィードバックを収集する必要があります（図10–5）。

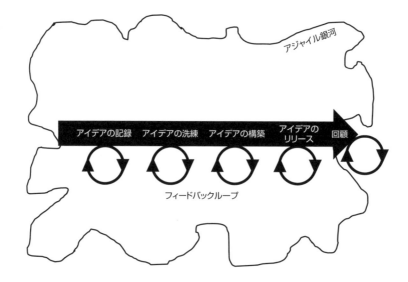

図10–5：フィードバックループを用いたフィードバック思考

フィードバック思考では、多くの声を取り込み、複数のフィードバックループで方向性を検証します。顧客価値の軌道修正には不可欠なものです。収集するフィードバックは、顧客からのものでなければいけません。プロダクトの方向性を決めるには、顧客の声が最も重要です。顧客フィードバックは、意思決定を促し、顧客価値の方向性

を設定する土台です。

　フィードバック思考の利点は、変化し続ける顧客価値の情報をリアルタイムに取得できることです。顧客価値の構築に漸進思考を組み合わせれば、顧客が必要とするものを学習できるだけでなく、市場が変化したかどうかも判断できるようになります。こうしたリアルタイムのデータ（フィードバック）があれば、常に変化する顧客の状況に適応できます。

　フィードバック思考は発見的なマインドセットに不可欠です。フィードバックは、漸進思考、実験思考、発散・収束思考、デザイン思考と組み合わせることで機能します。フィードバックの考え方を適用し、顧客フィードバック取り込む方法については、第 14 章を参照してください。

> 　**宇宙船にフィードバックするエクササイズ**
> 1 枚の紙に 30 秒で最高の宇宙船を描きましょう。そして、5 枚の紙にそれぞれ別々の宇宙船を（30 秒で）描きます。その後、10 人に最も好きな宇宙船はどれかと聞きましょう。最初の宇宙船が一番好きだと言ってくれるでしょうか？　最初の絵（つまり、最初のアイデア）が選ばれる確率は高くありません。人間にはさまざまな考え方があるからです。だからこそ、フィードバックが重要なのです。

10.8　デザイン思考

　デザイン思考とは、問題解決につながる最善の選択肢をチームで検討するアプローチです。これを使えば、最も知識のある人がソリューションに取り組みやすくなります。また、反復的に顧客の学習を検証することも可能です。漸進思考や発散思考も含まれています。

　図 10-6 に示すように、デザイン思考は顧客に共感して、問題や機会を理解することから始まります。最初に顧客に接触するときは、すでに問題を抱えている人を観察するか、機会によってこれから利益を得る人にインタビューします。次に、学習した内容にもとづいて、問題や機会であると考えられる内容を定義（または再定義）します（図 10-6）。

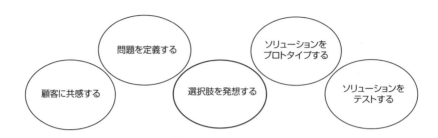

図10-6：デザイン思考のアプローチ

　デザイン思考では、問題解決の選択肢を生み出すために、発散的なアプローチを採用しています。これにはリサーチやブレインストーミングなどが含まれます。そして、問題解決や機会につながるアイデアからチームが自己組織化的に取り組み、収束させていきます。選択肢を決めるときは、親和図法や赤色のドット投票などの収束的なアプローチが使えます。

　選択したソリューションをプロトタイプするところになると、確実性と顧客価値に向けて体系的に検証するために、仮説を立てます。テストでは、反復的・漸進的なフレームワークを使い、仮説（選択肢）が顧客価値につながるかどうかを検証します。反復的なフレームワークは、現存するアジャイルプロセスの1つです。

　実験終了後、結果を調べます。結果にもとづき、そのままの選択肢で進むか、別の選択肢に適応します。正しい方向に進んでいるかを検証するには、顧客から継続的にフィードバックを提供してもらうことが必要です。

　デザイン思考を使えば、従業員と顧客を一致団結させることができます。従業員が顧客価値の構築に関わり、権限が与えられるようになると、顧客もフィードバックループを提供し、ニーズの検証に参加します。

10.9　発見的なマインドセットを持って進む時期か？

　発見的なマインドセットとさまざまな思考のアプローチは、アジャイルのマインドセットに適した行動を生み出し、文化をアジャイルに近づけてくれます。それによって心の準備ができ、顧客価値にフォーカスした行動を設定できるようになります。マインドセットから伝えるようにすれば、構造的なプロセスを適用すればアジャイルになれる、という誤解を回避できます。企業をアジャイルな文化に移行させ、顧客価値

につなげるには、アジャイルな振る舞いを実現することが最も優れた方法です。

> **アジャイルピットイン**
> アジャイル変革の初期段階では、漸進思考、実験思考、発散・収束思考、フィードバック思考、デザイン思考を導入しましょう。

　アジャイル変革やアジャイルのマインドセットが必要なときは、リーダーとチームに発見的なマインドセットと思考のアプローチを教育しましょう。アジャイル変革の初期段階では、漸進思考、実験思考、発散・収束思考、フィードバック思考、デザイン思考を導入しましょう。

10.10　参考文献

- "The Innovative Mindset: Five Behaviors for Accelerating Breakthroughs" by John Sweeney and Elena Imaretska, Wiley, 2015
- "Design Thinking: Four Steps to Better Software" by Jeff Patton, Stickyminds, 2000

第11章
エンタープライズアイデアパイプラインを可視化する

> エンタープライズアイデアパイプラインがあれば、選択肢の透明性が確保され、価値の高い仕事にすばやく反応できる。
>
> —Mario Moreira

アジャイルの実践の多くは、プロダクトバックログの作業にフォーカスしています。これは悪くないスタートです。チームとプロダクトオーナーが開発作業にフォーカスできるからです。企業の規模が小さい場合や、フォーカスするプロダクトが少ない場合は、最初のアイデアをそのままプロダクトバックログに投入することもあるでしょう。では、中規模から大規模の組織の場合はどうでしょうか？　新しいアイデアをすぐに評価できていますか？　フォーカスする投資判断をどのように行っていますか？　その答えは、エンタープライズアイデアパイプラインにあります。

11.1　アイデアパイプライン

エンタープライズアイデアパイプラインは3つの利点をもたらします。1つ目は、アイデアの端から端まで（アイデアの記録から、リリース、回顧まで）の流れを提供するチャネルとなることです。2つ目は、企業レベルのアイデアのポートフォリオバックログとなることです。3つ目は、企業がアイデアの絶好の機会を逃さないように、アイデアが出てきた瞬間から価値の高いアイデアを強調できることです。

エンタープライズアイデアパイプラインに必要な文化は、アイデアが出てきた瞬間に反応するというものです。なぜなら、そのアイデアは現在の問題や機会をベースにしているからです。アイデアを検討するために次の予算サイクルを待つ必要はありません。アイデアパイプラインは企業全体の仕事のポートフォリオを適応型で管理します。アイデアはいつでも受け入れられます。フィードバックによって優先順位を変えたり、アイデアそのものを変えたりすることもできます。また、アイデアパイプラインは、組織で発生する仕事に可視性と透明性をもたらします。

> **Tips アジャイルピットイン**
> エンタープライズアイデアパイプラインを効果的に機能させるには、次の予算サイクルを待つことなく、アイデアをすぐに検討する文化がなければなりません。

先へ進む前に、アイデアとは何でしょうか？ アイデアとは、価値があると思われているが、まだ実現されていないものです。アイデアを記録した瞬間は、小さくても大きくても構いません。それが持つ顧客価値のレベルによって、プロダクトやサービスに進化させるかどうかが決まります。

図 11-1 に示すように、エンタープライズアイデアパイプラインはアジャイル銀河の

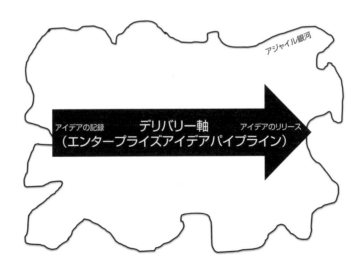

図11-1：エンタープライズアイデアパイプラインはデリバリー軸の実例

一部であり、顧客価値の提供にフォーカスしたデリバリー軸の実例です。デリバリー軸は、端から端まで（アイデアの記録から、リリース、回顧まで）の顧客価値の流れを表しており、エンタープライズアイデアパイプラインはその具体例となります。

　エンタープライズアイデアパイプラインはさまざまな名前で呼ばれています。たとえば、ポートフォリオバックログ、エンタープライズカンバンボード、アイデアパイプラインなどがあります。いずれも最終的に（あるいはすぐに）チームでアイデアに取り掛かるという意味が込められた名前になっています。エンタープライズアイデアパイプラインは、すべてのプロダクトバックログの親または供給源となり、戦略やアイデアをユーザーストーリー（やタスク）に接続するのに役立ちます。

　エンタープライズアイデアパイプラインは、主に中規模から大規模の企業で使用されます。価値の高い仕事がどこにあるかを理解するために、ポートフォリオ全体の投資の意思決定を可視化する必要があります。また、複数のプロダクトに依存関係がある場合や、プロダクトバックログにアイデアを置く場所がない場合にも役立ちます。小規模の企業でプロダクトが1つしかない場合は、プロダクトバックログがアイデアパイプラインの役割を担います。バックログレベルで使う場合も、新しいアイデアを評価して、価値の高いものから着手できるようにする必要があります。プロダクトが複数になった時点で、ポートフォリオレベルのバックログが必要となり、それが今後の作業を含めたパイプラインになるでしょう。

11.2　パイプラインの道筋

　前述のように、エンタープライズアイデアパイプラインは、アイデアの記録からリリースまでのアイデアの流れを表現しています。アイデアのデリバリーまでの道筋を提供するものです。企業の仕事の流れをパターン化するには、Emergnのアイデアマネジメントモデルが最適です。

　このモデルの最初の5つから「5Rモデル」を作成すると、仕事の道筋が作られます。5Rとは「記録（Record）」「披露（Reveal）」「洗練（Refine）」「実現（Realize）」「リリース（Release）」の5つのステージのことです（図11–2）。5Rモデルは変更可能です。他の用語を使う企業もあるでしょう。たとえば、「実現」の代わりに「開発」、「披露」の代わりに「優先順位付け」を使うこともできます。

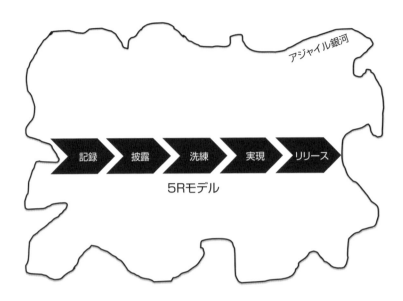

図11-2：顧客価値の提供の道筋となる 5R モデル

　各ステージはアイデアの発展を表しています。この道筋は線形ではありません。「披露」まで到達したものの、価値が低すぎてその先へ進めないアイデアもあります。「洗練」で形を整えてから、「実現」のデモで顧客から価値があるというフィードバックを受け取り、再び「記録」で価値の更新が必要になるアイデアもあります。

> **5R モデルを作成するエクササイズ**
> 5R モデルのステージ（記録、披露、洗練、実現、リリース）を読み返しましょう。あなたの企業では、各ステージを何と表現するでしょうか？　例を含めて記述してください。

11.3　アイデアの記録

　「記録」ステージは、新しいアイデアについて知っていることを文書化する場所です。作成した文書は、企業のすべての人が見えるようにする必要があります。では、誰がアイデアを提出・記録するのでしょうか？　実際には誰でも可能ですが、通常は、プロダクトオーナー、ポートフォリオリーダー、ビジネスリーダー、マーケティングリーダー、顧客と接触しているマネージャーなどになります。アイデアの記録には、

詳細、ペルソナやマーケットセグメント、価値、アイデアを実行する／しないリスク、前提を含めます。図11-3にアイデアの記録のシンプルな例を示しました。

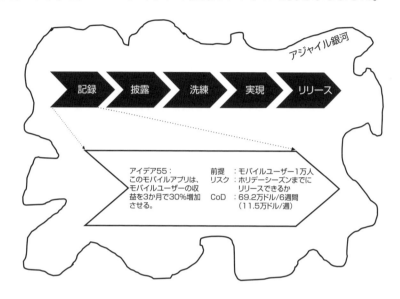

図11-3：アイデアの記録のシンプルな例

　アジャイルの文脈では、アイデアの詳細を文書化する時間を制限します。そのアイデアはまだ本格的に取り組むものではないからです。アイデアを理解してもらえるだけの情報を提供する必要はありますが、アイデアが選択されなかったときに時間のムダになるほど書き込んではいけません。たとえば、膨大なビジネスケースを書くのは避けてください。アイデアの初期段階にかける労力としては大きすぎるからです。

　アイデアの記録にはいくつかの方法があります。必要な情報を含んだ「フリースタイル」形式で書くこともできます。第13章で説明する「リーンキャンバス」形式でもいいでしょう。

　「記録」ステージで重要なのは、提案するアイデアの価値です。遅延コスト（CoD）とCoDを期間で割ったもの（CD3）を使うことをお勧めします。価値の提供が遅れることにより、週や月単位で、どれだけお金が失われているかをデータで示せるからです。CoDとCD3については、第12章で詳しく説明します。他にも価値を示すテクニックはあります。アイデア（詳細、ペルソナ、価値、リスク、前提を含む）を記録したら、エンタープライズアイデアパイプラインに追加され、「披露」を待ちます。

11.4　アイデアの披露

　「披露」ステージは、2つの場所を意味します。1つ目は、価値のレベルに応じて、新しいアイデアを明らかにする場所です。2つ目は、価値の所有者やステークホルダー（プロダクトオーナーなど）とアジャイルチームに通知できるように、価値の高いアイデアを決定する場所です。

　披露されたアイデアは、価値にもとづいて順位が付けられています。新しいアイデアは、その価値のレベルのところまで上昇します（図11-4）。上位のアイデアは目立ちます。逆に、価値が低ければ順位も低く、しばらく議論されることはないでしょう。アジャイルの観点からすれば、上位にないものに時間をかける価値はありません。このアプローチの利点は、価値の高いアイデアがやってくると、すぐに順位が付けることができ、市場機会を逃すことがないということです。

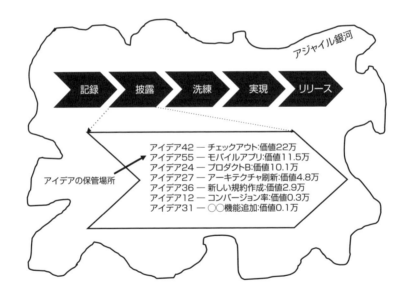

図11-4：保管場所に入ったアイデアは「披露」される

　記録されたアイデアは誰が評価するのでしょうか？　価値の所有者やステークホルダー（プロダクトオーナー、チーフプロダクトオーナーなど）と投資の意思決定に関わる人（ビジネスリーダー、マーケティング、シニアマネジメントなど）が担当するべきです。成功のために全力で取り組み、発見的なマインドセットを持って行動しな

ければいけません。

エンタープライズアイデアパイプラインの上部にアイデアが浮かんでくると、いくつかのことが発生します。まず、アイデアに関する健全な議論が必要になります。アイデアの所有者や貢献者は、アイデアの詳細、実行する／しないリスク、価値の算出方法、価値の算出方法の前提について共有すべきです。価値の所有者は、価値の高いアイデアについてすぐに議論できるように、保管場所を定期的にチェックすることが重要です。

アイデアの価値を検証するときは、ステークホルダーが価値を決定した前提を疑うべきです。アイデアの旅が始まるのは、最低限の情報が判明したときです。価値の前提を疑うことは、企業の健全性につながります。そのことが、人材や資源をどこに投資するかを決定するからです。また、価値の前提を疑うことで、データの価値に対する駆け引きが低減します。

仮の状況を考えてみましょう。アイデアの所有者は、潜在的な市場に1億人の顧客がいると想定しました。しかし、データを見ると、2千万人しかいないことがわかりました。前提を疑うときに重要なのは、エゴを含めずに公平な立場から始めることです。前提を疑うことについては、第12章（価値に特化した内容）で説明しています。

アジャイルピットイン
価値の前提を疑うことは、企業の健全性につながります。それが、人材や資源をどこに投資するかを決定するからです。

議論が終わったら、アイデアを変更します。たとえば、詳細を更新したり、価値を変化させたりします。すると、そのアイデアは新しい価値のレベルまで上昇します。引き続きアイデアの価値が高いと思われる場合は、それに取り組むチーム（または複数のチーム）と、チームが必要とする人材や資源について検討する必要があります。担当するチームが決まったら通知します。チームが抱えている仕事を事前に確認するためです。この時点で、人材や優先順位を決定することもできます。

チームの仕事が多ければ、そのチームに人を追加したり、他のチームのスキルを仕事に合わせたりすることになるでしょう。優先順位を決めるときに、チームのバックログにある仕事よりも新しいアイデアのほうが価値が高ければ、順序を変更する必要

があります。

　２つ以上のチームが必要になることもあります。チーフプロダクトオーナーやポートフォリオリーダーは、各チームの抱えている仕事を確認して、現在のベロシティを参考にしながら、チームがバックログに仕事を引き取る時期を見極めましょう。「披露」ステージのゴールは、価値の高い仕事を引き取るためのシグナルを早い段階でチームに伝え、市場投入時期を逃さないようにすることです。

　新しく投入された価値の高いアイデアが妥当な時間内にチームに引き取られるには、「ゆとり」の議論が必要でしょう。チームのバックログがいっぱいで、近い将来に仕事を引き取ることが難しい場合、システム全体に十分なゆとりがない可能性があります。ゆとりは２倍のメリットをもたらします。まず、チームが一貫して質の高い仕事を提供できるようになります。重要な設計やリファクタリングに着手できるからです。次に、ゆとりがあれば、緊急事態に対応する時間、価値の高い仕事を探索する時間、イノベーションの時間が生まれます。ゆとりがなければ、価値の高いアイデアの多くはしばらく待ち状態になるでしょう。

11.5　アイデアの洗練

　「洗練」ステージは、アイデアを理解すること、アイデアをインクリメントやユーザーストーリーに分解すること、アイデアの価値を継続的に検証することの組み合わせで構成されています。保管場所に入っていた価値の高いアイデアをチームが引き取った時点から、洗練が始まります。このようにするのは、すべての要求を文書化するような「事前にやり込む（big upfront）」マインドセットを遠ざけるためです。その代わり、アイデアの一部にみんなでフォーカスして、フィードバックを活用しながら、アイデアの価値を理解していきます。

アジャイルピットイン
「洗練」ステージの目的は、要求を「事前にやり込む（*big upfront*）」マインドセットを遠ざけ、アイデアの一部にみんなでフォーカスして、進化させていくことです。

　アイデアを分割して小さな単位にするのは誰でしょうか？　プロダクトのオーナー

シップを持つ人（プロダクトオーナー）と自己組織化してプロダクトに取り組む人たち（チーム）が関わるべきです。この場合、チームの全員（開発者、テスター、アーキテクト、データベース担当者、UX担当者など）が参加する必要があります。全員で仕事を成功させるために全力で取り組み、発見的なマインドセットの教育を受け、実行していくべきです。また、「実現」ステージでアイデアを構築できるように、チーム全体で「洗練」ステージから1次情報に触れておくべきです。

「披露」ステージで複数のチームがアイデアに関わっていた場合は、「洗練」ステージでチームの依存関係を把握します。アイデアがチームや部門の境界を越えている可能性があります。「洗練」ステージは、チーム間の調整が始まるタイミングでもあります。

アイデアをエピックやユーザーストーリーに分解するのは難しいと思います。お勧めの方法に「ユーザーストーリーマッピング」があります。ストーリーマッピングを簡単に説明すると、ユーザーがアイデア（プロダクトやサービス）をどのように使うかというビジュアルプラクティスと、アイデアをどのように段階的に分解するかという分解プラクティスの2つから成り立ちます。ジェフ・パットンが発案したビジュアルの部分は、顧客のようすを想像することによって、チームが顧客体験を理解できるようにするというものです。これにより、顧客が価値があると考えていることをチームで熟考できるようになります。

もうひとつの分解部分は、チームでさまざまな顧客体験の選択肢を考えてから、図11-5のようにスライスしていきます。そして、顧客からフィードバックを提供してもらいます。スライスした部分に含まれる選択肢は、ユーザー体験を表すエピックやユーザーストーリーになります。こうすることで、アイデアの価値を検証することができ、最高の顧客体験を提供する形で構築していくことができます。

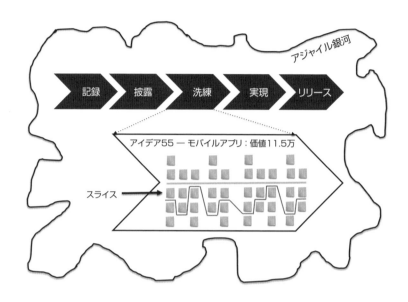

図11-5：ストーリーマッピングでアイデアを選択肢に分解してスライスする

　ストーリーマッピングの利点は、スライスごとに段階的に作業を進めながら、アイデアの価値を検証できることです。時間をかけてすべてのアイデアを構築するのではなく、一部のスライスだけ構築して、顧客から実際にフィードバックをもらうのです。このフィードバックを使い、アイデアの記録や価値を更新するだけでなく、顧客価値も変化させていきます。

　同時に切り取るスライスは「1つだけ」にしましょう。それによって、顧客に価値をもたらすことができたのか、アイデアに価値がなくて先へ進めないのかがわかります。ストーリーマッピングの詳細と実装方法については、第16章で説明します。

 アジャイルピットイン
ストーリーマッピングやユースケースを使い、作業のインクリメントをカットすれば、全体を構築する前にアイデアの価値がわかります。

　アイデアをインクリメントに分解する方法は他にもあります。たとえば、ある目標を達成するという環境のなかで、アクター（ペルソナ）とシステムの相互作用をマッピングした「ユースケース」があります。ストーリーマッピングと同じように、仕事

の相互作用をスライスやインクリメントとして切り出して、それを顧客やユーザーに見せ、アイデアの価値やインターフェイスに関するフィードバックを得ることが目的です。

あるいは、アイデアを分解したり、（こちらのほうが重要ですが）作業に関するビジネスや技術の詳細を理解したりするのに役立つアクティビティとして、「グルーミング」（スクラムの用語ではリファインメント）があります。「洗練」ステージの最終目標は、アイデアからエピックやユーザーストーリーとなる仕事のスライスを切り出し、それらをプロダクトバックログに配置することです。もうひとつの目標は、仕事に影響を与える依存関係やリスクに事前に気づき、それらを緩和することです。

11.6　アイデアの実現

「実現」ステージは、アイデアを動作するプロダクトとして構築するところです。一般的に「製品開発」や「ソフトウェア開発」と呼ばれますが、これらは体系的にプロダクトを構築する技芸です。プラダクトを構築するすべてのチームメンバーが「実現」ステージに関わります。メンバーには、開発、QA、データベース、UX、ドキュメンテーション、教育、構成管理など、あらゆる部門のチームメンバーが含まれるべきです。いずれも、アイデアを顧客価値に変換できる能力を持った人たちです。

アジャイルピットイン
POは、バックログに優先順位を付け、チームとビジネスコンテキストを共有し、顧客フィードバックを顧客価値に反映します。

「実現」ステージでは、プロダクトオーナーが強力な役割となり、顧客価値にもとづいてバックログに優先順位を付け、チームとビジネスコンテキストを共有し、顧客からのインプットやフィードバックを取り入れながら、アイデアを顧客価値に合わせていきます。

「披露」ステージでは、アイデアのインクリメントを構築するチームが複数いる可能性があることを学びました。「洗練」ステージでは、最初のインクリメントをチームと一緒に切り出す必要があることを学びました。また、「披露」ステージでは、インク

リメントを構築するときに複数のチームが協調できるように、スクラムオブスクラムなどのコミュニケーションのタッチポイントを構築する必要もあるでしょう。

アジャイル銀河では、「実現」ステージでスクラムとカンバンが登場することが多く見られます。具体的なプロセスは何でも構いませんが、顧客価値を提供できるように、反復的に計画・実装・検査・適応が可能なプロセスを導入しておきましょう。

「実現」ステージの主な活動は、アイデアを開発することです。「洗練」ステージでは、スライスやインクリメントがエピックやユーザーストーリーとなり、プロダクトバックログやチームのバックログに入ってきました（図11-6）。チームはエピックをリファインメントして、ユーザーストーリーに変換し、詳細を理解しなければいけません。そこから先は、プロダクトの開発とテストに反復的なアプローチを使います。

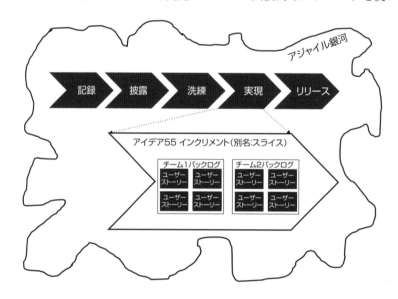

図11-6：「洗練」ステージからバックログまでのワークフロー

「実現」ステージでは、反復的で漸進的なアジャイルエンジニアリングのプラクティスを適用する必要があります。これには、ペアプログラミング、継続的インテグレーション、テスト駆動開発、コードの共同所有、リファクタリングといったエクストリームプログラミング（XP）のプラクティスが含まれます。また、複数のチームがアイデアに取り組んでいる場合は、統合テストを実施する必要があります。これには、システムテスト、パフォーマンステスト、負荷テストなど、必要なテストをすべて含めて

おく必要があります。アジャイルのゴールは、イテレーションの終了時に完成したプロダクトが出荷判断可能になっていることです。

「実現」ステージの成果は、出荷判断可能なプロダクト（実際に見える何か）なので、そのアイデアに顧客価値があるかどうかを顧客フィードバックループで検証する必要があります。したがって、価値のあるフィードバックを受け取るために、ペルソナに適合した顧客をデモに招待しなければいけません。そして、アイデアが顧客価値に向かって開発されているかを確認するのです。また、営業やマーケティングは、新しいプロダクトの完成やプロダクトの更新を既存顧客と潜在顧客に通知するために、発売計画の立案を開始することができます。

11.7 アイデアのリリース

「リリース」ステージでは、社内から生まれたアイデアを社外にローンチします（図11-7）。アジャイルのゴールは、イテレーションの終了までに、アイデアを出荷判断可能にすることです。その後、最終的な統合テスト、コード準備、パッケージングなど、リリースに向けたローンチ活動などが行われることもあります。

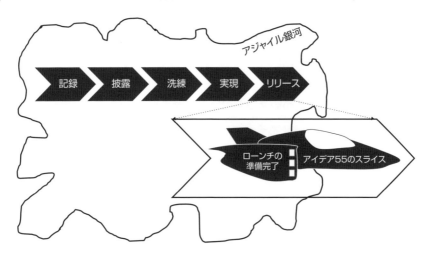

図11-7：アイデアをローンチして市場に投入する

場合によっては、最終的な統合活動を行うこともあります。特に、複数のチームが同じアイデアのインクリメントに取り組み、すべてをまとめて実行するような場合で

す。最終的な統合テストでは、システムテスト、統合テスト、パフォーマンステスト、負荷テストなどの必要なテストをすべて含めることができます。ただし、これらのテストは本来は「実現」ステージで行うべきものなので、限定的にしておく必要があります。

　コードの準備とパッケージングは、リリースに使用するコードのバージョンを管理するところから始まります。そこから先の活動は、プラットフォームによって異なります。ウェブサイトであれば、新しいコードを特定し、ウェブサイトを更新すれば終わりでしょう。モバイルアプリであれば、利用規約を作成してから、新しいリリースをアプリストアに申請すれば十分です。デスクトップやサーバーにインストールされているオンプレミス製品であれば、ダウンロード可能なコードのウェブロケーションの設定、ディスクへの書き込み、ユーザーガイドのパッケージング、利用規約の作成などがプロセスの一部になるでしょう。

　「リリース」ステージのもうひとつの側面は、マーケティングと営業が立案した発売計画を実行することです。これは、新たに市場に投入したインクリメントの情報を既存顧客と潜在顧客に提供するものです。また、リリースが終わったら、最初のインクリメントがリリースされたことがわかるように、エンタープライズアイデアパイプラインを更新しましょう。

11.8　アイデアの回顧

　ここまで 5R モデルの 5 つのステージを見てきました。「記録」を抜いて 4R にしている人もいれば、5R から 6R モデルに拡張している人もいます。私も 6 番目の R を追加したほうが適切であることに気づきました。それは「回顧（Reflect）」です。

　製品開発ライフサイクルはリリースで終了しますが、成果物の結果を回顧するステージを追加することが重要です（図 11-8）。市場に出てからどれだけうまくいきましたか？　プロダクトを購入してくれた顧客は何人いましたか？　成果物は顧客にとって満足できるものでしたか？　そのプロダクトは告知されていますか？

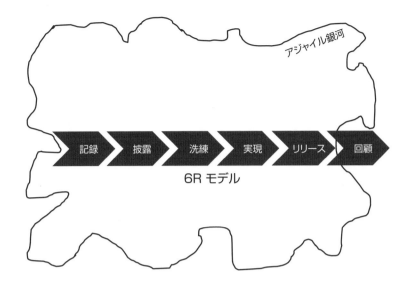

図11-8：6R モデルには「回顧」ステージが含まれる

　プロダクトを理解するためのフィードバックループにはさまざまなものがあります。プロダクトの本当の価値を理解するために「回顧」が重要なのはそのためです。フィードバックをうまく使えば、アイデアをどのように適応させていくかを決めることができます。

　「回顧」ステージで最も重要なのは、「記録」や「披露」のステージのアイデアの価値を再確認することです。書かれていたことが、価値や遅延コストに変わったでしょうか？　それがお金になったでしょうか？　6R モデルを完全にするには、リリースしたあとにアイデアを回顧して、実際の価値を計測することが重要です。「披露」ステージでアイデアの価値の前提を疑っておくと、賭けのリスクは低減しますが、リリース後に実際の価値の値を使って回顧しておくと、それがさらに低減します。

> **価値を回顧するエクササイズ**
> 最後に行ったリリースを考えてください。アイデアを推進するために使用した価値のデータを探してみましょう。たとえば、投資収益率（ROI）、遅延コスト（CoD）、予想収益などが考えられます。それから、リリース後の実際の収益を探してみましょう。違いはありましたか？　誰かが初期のデータと実際のデータを比較しましたか？

11.9 企業のアイデアは可視化されているか？

　エンタープライズアイデアパイプラインは、アイデアを「記録」してから「リリース」するまでのアイデアの流れを表したものです。アイデアのポートフォリオバックログは、企業がアイデアの市場機会を逃すことなく、すぐに対応できるようにするためのものです。

　これは、企業全体の仕事のポートフォリオを管理し、フィードバックに反応するための適応性の高い方法です。具体的には、価値の高いアイデアが生まれたときに、市場機会を逃さないように、企業がすぐに対応できるようにするものです。呼び方は「エンタープライズアイデアパイプライン」でも何でも構いませんが、いずれ（あるいはすぐに）チームが対応する大きなアイデアを保持します。エンタープライズアイデアパイプラインは、すべてのプロダクトバックログの親であり、アイデアをユーザーストーリーにつなげるものです。

　エンタープライズアイデアパイプラインは、企業におけるアジャイルな予算経営や投資プロセスにも影響を与えます。また、価値の高い仕事がどこにあるかを把握するのにも役立ちます。アジャイルな予算経営については、第19章で詳しく説明します。

11.10　参考文献

- "Lifecycles Are Good, an Idea Management Model is Best" by Andrew Husak, Emergn Limited, 2016
- "User Story Mapping: Discover the Whole Story, Build the Right Product" by Jeff Patton, O'Reilly Media, 2014（邦訳『ユーザーストーリーマッピング』オライリー・ジャパン）

第12章
遅延コストに優先順位を付ける

効果をたしかめるために多くのプロダクトを壁に投げつければ、惨事になるだろう。

—David Grabel（本章の共同執筆者）

　マイクロソフトの市場支配と高評価に注目が集まっていた頃、ビル・ゲイツやスティーブ・バルマーが、ニュース雑誌のインタビューを受けています。彼らは、マイクロソフトはあまりにも多くのことを行い、十分なリソースがないと語っていました。それがマイクロソフトにとっての真実であれば、おそらく世界中の企業にとっても真実でしょう。組織はあまりにも多くのアイデアを抱えています。それらをすべて片付けようとすると、システムそのものが詰まり、何も成し遂げることができません。最短期間で最大の顧客価値を提供するには、優先順位を付ける必要があります。そのための方法は数多くあります。では、どれが最適でしょうか？

　優先順位を付けないとどうなるでしょうか？　たとえば、以前から遅れ気味だったチームの上司が、欲しいものリストにあるすべての作業を依頼してきたとします。作業を一気に依頼すれば、いくつかは実現できるだろうと考えたのでしょうが、そうはならないのが現実です。

12.1　顧客価値にフォーカスする

　同時に多くのアイデアに取り組んでいる組織では、オーバーヘッドとコンテキストの切り替えにより、チームの速度が遅くなっています。始めるものが多ければ多いほど、きちんと終わるものは少なくなるのです。開発チームのキャパシティにWIP制限をかけても、関連組織（製造、営業、マーケティング、トレーニング、顧客サポートなど）に負荷がかかることがよくあります。ジョアンナ・ロスマンは著書『Managing Your Project Portfolio』[1]のなかで、WIPの削減はポートフォリオマネージャーの責任だと述べています。

　組織が顧客価値を無視すると、価値の高くない項目でポートフォリオが埋まってしまう可能性があります。キャパシティを制限するのは、他の機会に目を向けないようにするためです。ビジネス成果を最大化するには、顧客価値が最も高いプログラムを選択する客観的な方法が必要です。第11章では、エンタープライズアイデアパイプラインの「記録」ステージを紹介しました。企業が価値の高い仕事にフォーカスできるように、アイデアの価値で優先順位を付けるのが「記録」ステージです。優先順位を付ければ、最適に並び替えることができます。優先順位が上位のものは、客観的に高い価値やスコアを示しています。

12.2　優先順位付けの手法

　チームやプロジェクトと一緒に働くときは、シンプルで定性的な手法でプロダクトバックログの優先順位付けをしているかもしれません。あるいは、プロダクトオーナー（よく知っているはずの人物）の意見に従うだけのチームもあるでしょう。他にも、MoSCoW、Buy a Feature（機能の購入）、HiPPO（最高給取りの意見）などといった手法もあります（いずれも後述します）。

　スプリントレベルでは、プロダクトオーナー（PO）がプロダクトバックログの優先順位付けに権利と責任を持ちます。優れたPOは、ステークホルダー（顧客、チーフプロダクトオーナー、セールスマネージャー、アーキテクト、テクニカルマネージャーなど）と定期的に会合し、優先順位付けのインプットを入手します。以下の優先順位

---

[1] "Manage Your Project Portfolio" by Johanna Rothman, Pragmatic Bookshelf, 2016.

付けの手法をいくつか使用して、プロセスを構造化している PO もいます。

- MoSCoW：これは、PO の考え方を枠にはめ、最小限のソリューションを定義するものです。MoSCoW では、要求や欲しいものリストの項目ごとに重要度を設定します。こうすることで、すぐに考慮すべきものか、あとから考えればいいものなのか、拒否すべきものなのかがわかります。意思決定のようすを簡潔に説明でき、チームは「絶対に必要なもの（must haves）」だけにフォーカスすることが可能です。
- Buy a Feature：これは、Innovation Games（現 Conteneo）が開発したオンライン「ゲーム」です。顧客やステークホルダーに対して、最も高い価値を提供できるように、PO が次のリリースに含める機能を選択するというものです。各機能には「価格」が付けられています。価格は、開発コストの見積りや、予想される顧客価値から導き出されています。プレーヤー（顧客）には、機能に費やせる「お金」がそれぞれ与えられます。高価な機能を選択してもらうには、交渉と支払金額の増加が必要になるでしょう。こうした交渉は推奨されています。さまざまな顧客と何度もゲームをプレイすれば、PO は顧客満足に関する有用なデータを手に入れることができます。
- HiPPO：シニアリーダーともなれば、長年の業界の経験を持っています。チームに意思決定を任せたつもりでいても、自分の知識を共有すること、なかでも優先事項付けに関する自分の意見をチームに伝えることが、リーダーとしての義務であると彼らは感じています。「意見」だと言っているのであれば、ステークホルダーからのインプットの一種として扱いましょう。しかし、彼らがその意見を「絶対に正しい」と信じているのであれば、受け入れざるを得ないでしょう。このことを「HiPPO」と呼びます。第 2 章で説明した「認識的傲慢」を思い出したなら、こうした確実性の思考は選択肢の機会を奪うものですので、積極的に排除しましょう。そして、顧客価値につながる発見的なマインドセットを適用するのです。

上記で紹介したのは、定性的な優先順位付けの手法です。個人の意見や好みにもとづいています。プロダクトバックログやスプリントレベルの計画ならば定性的な手法

でも十分ですが、エンタープライズレベルの優先順位付けには経済的に正当な理由が必要です。このレベルでは金額が大きすぎて、主観的に優先順位を付けることができないからです。優れたアイデアが多いときは、価値の高いアイデアを価値の低いアイデアと区別する経済的合理性が必要です。価値の低いアイデアは、ポートフォリオ、人材、投資を混乱させるでしょう。

> **アジャイルピットイン**
> プロダクトバックログやスプリントレベルの計画ならば定性的な手法で十分ですが、エンタープライズレベルの優先順位付けには経済的に正当な理由が必要です。

　多くの組織は、HiPPOでポートフォリオレベルの決定をしています。しかし、1人のリーダーのビジョンを実現するだけで、業界を破壊し、市場を独占したという例はほとんどありません。そうしたビジョンを提供できるスティーブ・ジョブズのようなビジョナリーはいないのです。スティーブ・ジョブズでも間違う可能性はあります。アップルのニュートンを覚えていますか？[2]

　よく使われる経済的な優先順位付けの方法には、ROI（投資利益率）とWSJF（重みづけされた最短作業から着手）があります。ROIは（価値 / 労力）×自信です。価値は収益の増分で計測します。WSJFは、主観的で線形で相対的なビジネス価値、相対的な時間の重要性、リスクの低減から算出します。これら3つの要因のすべてを1から10の尺度で線形に見積るため、いずれかの重みが大きすぎると、遅延コストに対する主観が歪む可能性があります。これらの手法は従来の組織でも使用されていましたが、アジャイル企業が考慮すべき重要な要素が見落とされています。

---

[2] 訳注：ニュートン（Newton MessagePad）は、米アップルがかつて販売していた携帯情報端末。本文ではジョブズの間違いとしていますが、彼の不在時に開始されたプロジェクトです。ただ、プロジェクトを終了させたのはジョブズですので、そのことを間違いだったと言っているのかもしれません。

12.3　遅延コスト（CoD）の探索

　ほとんどの企業のゴールは利益を上げることですから、優先順位のトレードオフの経済的な影響を理解することが重要です。アイデアから生み出される価値を計測する最善の方法は、「ライフサイクル利益インパクト」です。これは、ライフサイクルで生み出される粗利益の増分のことです。CoDはライフサイクル利益インパクトと時間を考慮して計測するので、パイプラインにある新しいアイデアの価値と緊急性を明確にできます。これは、企業が時間に値段を付けることで、価値の高いアイデアを優先できる経済的な方法です。ドン・ライナートセンは「1つだけ定量化するなら、遅延コストを定量化せよ」と述べています。

　CoDとは、週あたりの売上総利益の予測純変動額です。優先順位のトレードオフの影響の把握するために、週単位で報告します。年間予測を持っていれば、52で割ります。

アジャイルピットイン
遅延コスト（CoD）は、企業が時間に値段を付けることで、価値の高いアイデアを優先できる経済的な方法です。

　ライフサイクル利益にフォーカスすることで、優先順位の意思決定が収益の増分以外も考慮していることが明確になります。収益も重要ですが、アイデアが利益に影響を与える4つの要因のうちの1つにすぎません。ライフサイクル収益の要因を以下に紹介します。

1. 収益の増加—顧客を満足させ、市場シェアを拡大するアイデアによって、新規または既存の顧客の売上を伸ばします。破壊者は市場規模を拡大し、パイを大きくします。
2. 収益の維持—競合他社や市況が原因で収益の流れが脅かされることがあります。既存のプロダクトを改善するアイデアやイノベーションによって、現在の市場シェアと収益を維持することができます。
3. コストの削減—現在発生しているコストを削減するために効率化の方法を探

します。これにより、売上総利益率または利益貢献度が改善されます。

4. コストの回避—現在のコストを一定に保つ改善を行います。現在は発生していないが、これから発生する可能性のあるコストを削減するものです。たとえば、新しい規約に準拠して、罰金を回避するようなことです。

12.4　遅延コストの計算

　CoDを計算する簡単な方法は、収益につながる4つの要因からある年の利益を求めることです。3年間で求めたら3で割りましょう。このCoDの例では、毎週の数字を使用して、優先順位のトレードオフの影響を算出しているので、年間収益を52で割っています。以下はその算出方法です。

$$CoD = (収益の増加 + 収入の維持 + コストの削減 + コストの回避) / 52$$

- 例1「コンバージョン率の向上」：ウェブサイトの顧客体験を改善するアイデアがパイプラインにあります。これは、コンバージョン率を5.5%から6.0%（0.5%増加）にするものです。1年あたり約1,000万回の訪問があり、平均受注額は32ドル、平均総利益率は30%です。1年間の収益の増加による利益への貢献は、(10,000,000 * 32ドル * 0.005 * 30) で、480,000ドル。週単位のCoDは（480,000 / 52）で、9,230ドルです。これは、収益の増加のCoDの例です。
- 例2「新しい規制」：消費者保護局は、最新のハッカー脅威に対抗するために、情報セキュリティの強化を求める新しい規制を発布しました。企業は当初はこの規制を無視していましたが、現在はセキュリティ対策を整える必要があります。さもなければ、1日あたり10万ドルの罰金が科されます。1日あたりのコストが把握できたので、週単位のCoDは70万ドルです。これは、コストの回避のCoDの例です。
- 例3「新しいモバイルアプリケーション」：顧客は、モバイルアプリから金融商品にアクセスしたいと要求しています。このアプリケーションを開発すれ

ば、現在の顧客数である約 24 万人を維持し、翌年に 36 万人の新規顧客を獲得することができます。年間売上は 3,600 万ドルを見積っています。週単位の CoD は 3,600 万 / 52 で、692,308 ドル。これは、収益の維持と増加の CoD の例です。

言葉の使い方で注意してほしいのは、「CoD」は「予測」ではないことです。CoD は優先順位付けのツールです。CoD を予測に使うと、プロダクトオーナーを攻撃することになります。その結果、組織に恐怖をもたらし、CoD の価値に悪影響を与える可能性があります。

あとから説明するように、前提は CoD に大きな影響を与える可能性があります。前提を疑うことと、統一的な基準を適用することで、複数の CoD を比較できるようになります。ですから、重要な議論や優先順位付けにつながる前提を大切にしてください。

CoD のエクササイズ
エンタープライズアイデアパイプライン（またはアイデアリスト）からアイデアを 2 つ選択してください。チームと協力して、ライフサイクルの収益性の関連要因を調べ、CoD を計算しましょう。すべての仕事の詳細を見える化しましょう。計算した CoD によって、アイデアの順位は変化するでしょうか？

12.5　企業価値曲線

CoD を使用すれば、収益性にどのような影響を与えることができるかを理解できます。企業が取り組んでいるアイデアの価値曲線を考えてみましょう。図 12-1 に示すように、企業がお金をかけて取り組んでいる価値の高い（CoD の高い）アイデアはそう多くはありません。価値の低い仕事に手が回っているからです。

企業はなぜ価値がまったくない、あるいはほとんどないアイデアに資金を提供し、価値の高いアイデアに資金を提供しないのでしょうか？ CoD の高いアイデアから資金を提供したほうが、理に適っているように思えます。ここでの問題は、企業が個人の直感を頼って主観的な優先順位付けの手法を使い、CoD のような経済的な手法を使っていないことです。

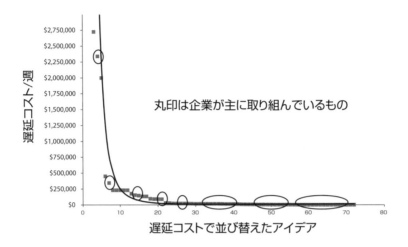

図12-1：CoDによるアイデアの典型的な企業価値曲線の分布

　CoDを使用してパイプラインからアイデアを選択すると、価値曲線は図12-1よりも図12-2のようになります。価値の低いロングテイルの部分ではなく、価値の高いアイデアに資金を提供できています。尻尾の部分をカットすると、企業が最も価値の高い仕事にフォーカスできるようになるため、収益性が向上します。

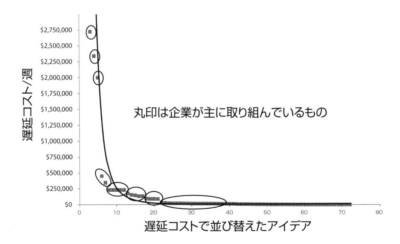

図12-2：CoDによるアイデアの理想的な価値曲線の分布

　すべてのCoDが等しいデータになるわけではありません。ライフサイクルが長く、収益性がピークを達成したあとは、安定するプロダクトもあります（図12-3）。この

場合、CoDは線形かつ一定となります。このような分析では、市場に存在するプロダクトの緊急時のデータを見るようにします。たとえば、ライフサイクルが短くてピークが遅延の影響を受けるもの、ライフサイクルが長くてピークが遅延の影響を受けるもの、ライフサイクルが短くて季節や日付に影響を受けるものなどがあります。

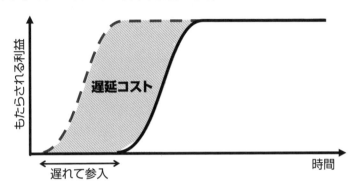

図12-3：ライフサイクルが長くて遅延の影響を受けないアイデア

「遅れて参入」のラインは、顧客価値が遅れるコストを示しています。つまり、収益性を高める機会が遅れることを意味します。このラインが長くなればなるほど、収益を見逃すことになります。時間がかかりすぎると、競合他社が先に市場に参入してしまいます。そうすると「ライフサイクルが長くピークが遅延の影響を受ける」という緊急時のデータに変わり、残されたパイも小さくなります。

12.6　CD3の計算

最適な投資判断を下すには、もうひとつの要因を含める必要があります。期間です。数年かかる価値の高いプロジェクト1つよりも、すぐに提供できる中程度の価値のプロジェクト3つに投資する組織もあります。分析を終わらせるには、プロジェクトの期間の見積りが必要です。

期間の見積りは、統一的にアイデアに適用する必要があります。たとえば、「理想」や「標準」の期間を使うことができます。「理想」の期間は、必要な人材やリソースがすべて利用可能なときの最短期間のことです。「標準」の期間は、依存関係や待ち状態も含めたときの期間です。私は「理想」の期間をお勧めしますが、最初はどちらでも構いません。

アジャイルピットイン
CD3 は、大まかな並び順とアイデアの価値の桁の違いを示します。CD3 が同じ桁の場合、前提や戦略との一致を調査すべきです。

CD3（CoD を継続時間で割った値）を計算することができます。CD3 には CoD が必要です。それを期間（理想または標準）で割ります。

- 上記の例 1 では、週単位の CoD は 9,230 ドルです。理想の期間が 3 週間の場合、CD3 は（9,230 / 3）で約 3,077 ドルです。
- 例 2 では、週単位の CoD は 70 万ドルです。理想の期間が 24 週間の場合、CD3 は（700,000 / 24）で約 29,167 ドルです。
- 例 3 では、週単位の CoD は 692,308 ドルです。理想の期間が 6 週間の場合、CD3 は（692,308 / 6）で約 115,384 ドルです。

これらの例では、例 3 の CD3 が例 2 よりも 1 桁大きく、例 2 の CD3 が例 1 よりも 1 桁大きいことがわかります。

CD3 の目的は、大まかな並び順を提供することです。例 1〜3 の CD3 を見ると、例 3 が最も価値のアイデアであることは明らかです。仮に 3,000 ドルと 4,000 ドルの CD3 があった場合、桁が同じなので、次に何を着手するかは、前提や戦略の一致を検討してから決めることになります。

パイプラインにあるすべてのアイデアの CD3 を計算することで、「披露」ステージでリターンを最大化できるように並び替えることができます（図 12-4）。これは、投資した時間に対して、どのアイデアが最も収益にプラスの影響をもたらすかを予測するのに役立ちます。CoD と CD3 については、学ぶべきことがたくさんあります。詳しくは、ドナルド・ライナートセンの著書『The Principles of Product Development Flow』[3] や「Black Swan Farming」のサイト[4]を参照してください。

---

[3] "The Principles of Product Development Flow" by Donald Reinertsen, Celeritas Publishing, 2009
[4] Black Swan Farming：http://blackswanfarming.com/cost-of-delay/, Black Swan Farming Limited

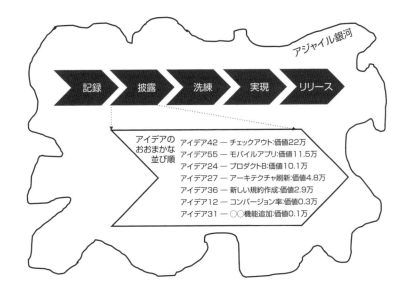

図12-4：CD3 によるアイデアの大まかな並び順

12.7　CoD の前提を疑う

　CoD はアイデアの早い段階で計算します。CoD を計算するためには、多くの前提が必要です。アジャイルの文化に変革する一環として、前提を疑う発見的なマインドセットを適用しておくことが重要です。そうすれば、アイデアのことを理解でき、そのアイデアに価値があること、あるいは企業の改善のために変更可能であることを保証できます。

　コンバージョン率の向上にフォーカスした例 1 では、前提を疑うことで、北米の中小企業の数など、すぐに入手できる事実から学ぶことができます。「5.5％から 6.0％に 0.5％増加」を疑った結果、このコンバージョン率は、過去の類似したプロダクトにもとづいていることがわかりました。データをもとにした信頼性の高いものもあれば、単なる推測にすぎないものもあります。どちらがどちらなのかを知ることが重要です。

アジャイルピットイン
アジャイル文化に移行する際は、アイデアを理解するために CoD の前提を疑いましょう。そして、企業のために客観的な並び順を提供しましょう。

UXデザイナーがコンバージョン率は6%だと主張しても、POが7%まで上昇すると主張する可能性があります。その場合、すばやくプロトタイプを作り、どちらが現実的かを顧客で検証してみるといいでしょう。前提が違っていると、CoDやCD3の計算結果も大きく異なります。このプロセスによって、そうした前提を明確にすることができます。

前提を疑うときは、オープンクエスチョンを使いましょう。たとえば、以下のような質問を使用します。

- その結論に至った理由は何ですか？
- 不確実性のレベルはどの程度ですか？
- 最もリスクの高いものは何ですか？
- 検証するにはどのような情報が必要ですか？

人によって計算結果が大きく異なる場合、「披露」ステージから始まった計算の前提を疑ってみましょう。こうした前提について合理的に話し合い、違いを洗い出すことで、可能性のあるCoDとCD3を適用した価値スコアについて、合意を得ることができます。価値や並び順が主観や直感にもとづいていれば、こうした議論も否定的なものになりがちです。

>
> **前提を疑うエクササイズ**
> 2つのチームでパイプラインにあるアイデアのCoDを計算してみましょう。各チームともすべての前提を明確に文書化する必要があります。2つのCoDは同じでしたか？ 近かったですか？ 離れていましたか？ 大きく離れていた場合は、前提を調査して、意見の違いを見極めましょう。前提が違っていたら、なぜ違っていたのか、違いを埋めることはできるのかを議論しましょう。こうした議論には意義があり、優先順位の合意をすばやく得ることができます。

12.8 尻尾をカットしているか?

　優先順位付けには、直感、定性的調査、定量的調査など、さまざまな手法があります。投資するアイデアを適切に選択することは、企業の収益性に大きな影響を与えます。したがって、経済的手法でアイデアを評価することが合理的です。エンタープライズアイデアパイプラインのアイデアに優先順位を付けるには、CoD と CD3 という経済的な手法が最適です。

　最も価値の高いアイデアに取り組むことで、残された価値の低い仕事が明らかになります。ここで疑問となるのは、こうした尻尾をカットできるかどうかです。さまざまな理由から、そうしたアイデアが重要だと考えている人たちがいます。したがって、カットするのは思った以上に難しいでしょう。とはいえ、価値ベースのモデルを使っておけば、優れた投資の意思決定ができるようになるでしょう。

　まだ試したことがなければ、CoD と CD3 を使って手持ちのアイデアに優先順位を付けてみましょう。そして、最も高い CoD と最も低い CoD を価値曲線にプロットしてみましょう。図 12-1 のようになったのではないでしょうか。最も価値の高いアイデアを無視していませんか? 価値の低いアイデアに多額の投資をしていませんか? どうすれば尻尾をカットすることができるでしょうか?

12.9 参考文献

- "Manage Your Project Portfolio: Increase your Capacity and Finish More Projects" by Johanna Rothman, Pragmatic Bookshelf, 2016
- "The Principles of Product Development Flow: Second Generation Lean Product Development" by Donald Reinertsen, Celeritas Publishing, 2009
- http://blackswanfarming.com/cost-of-delay/, Black Swan Farming, Limited
- "VFQ Prioritization" by Emergn Limited, Emergn Limited Publishing, 2014

第13章
リーンキャンバスでアイデアを捕まえる

> キャンバスに力強くムダのないアイデアを描き、アイデアとその価値を理解したい人を支援する。
>
> —Mario Moreira

　企業でアイデアを思いついたときは、時間をかけずに有意義かつ簡潔な方法でアイデアを表現する方法が必要です。アジャイルの文脈では、まだアイデアにコミットしたわけではないので、文書化にあまり時間を費やさないことが推奨されます。言い換えれば、うまくいかない可能性のあるものに、なぜ時間をかけなければいけないのか？ということです。

　アイデアに関する情報を集めすぎると、扱えないほど膨大な量になり、当たり前なものも含まれてしまいます。一方、情報が少なすぎると、アイデアがあいまいになる可能性があります。アイデアに着手する前は、ほとんどのことがあいまいです。したがって、アイデアが有効かどうかを証明しようとして、事前に多くの時間を費やすのはムダな行為です。顧客に対する価値を証明するには、発見と学習が必要であることを認識しながら、アイデアをうまく文書化するムダのない方法を探しましょう。

13.1 アイデアを文書化するキャンバス

アイデアを文書化する従来型の方法は、ビジネスプランを作成するというものでした。アイデアの概要やピッチ、財務概要、前提条件など、ビジネスプランから拝借できる要素もいくつかあります。ただ、ビジネスプランは、アイデアの資金調達のために使うものです。また、残念なことに、ビジネスプランは面倒だという悪評があります。アイデアに価値があることを「事前に」証明しようとするものだからです。

では、代替案は何でしょうか？　アジャイル銀河に適したアプローチは数多くあります。アジャイル銀河では、事前の情報が少ないことを認めているので、アイデアの記録も調整していく必要があります。本章では、ビジネスモデルキャンバス、リーンキャンバス、顧客価値キャンバスを紹介します。いずれも顧客価値の特定と獲得にフォーカスしたものです。

キャンバスを導入する前に、それを導入するコンテキストを知ることが重要です。エンタープライズアイデアパイプラインでは、「記録」ステージで新しいアイデアをキャンバスで文書化することになります（図13-1）。第11章では、アイデアは「フリースタイル」「仮説」「リーンキャンバス」のいずれかの形式で書くことができると説明しました。重要なのは、それを有意義なものにして、さらにリーンにすることです。

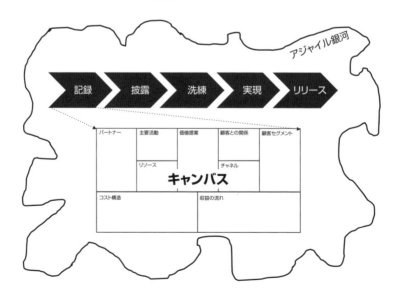

図13-1：アイデアを記録するキャンバス

キャンバスのドラフトを作成したら、企業内の全員に公開する必要があります。アイデアと同じように、キャンバスにも詳細、ペルソナやマーケットセグメント、価値、実行する／しないリスク、前提を含める必要があります。

13.2　ビジネスモデルキャンバス

　リーンキャンバスを知る前に、ビジネスモデルキャンバスを知る必要があります。ビジネスモデルキャンバスは、ビジネスプランの情報をリーンに表現する初期の方法の1つでした。ビジネスモデルキャンバスは、アレックス・オスターワルダーによるビジネスモデルの方法論の研究のなかから生まれました。

　ビジネスモデルキャンバスが前提としているのは、単純なビジネスモデルであっても、組織が価値を「創造」「提供」「捕捉」することは表現できるというものです。ビジネスモデルキャンバスでは、提案されたビジネスアイデアや戦略的計画を1ページのキャンバスにマッピングします。これは、企業の方向性をガイドするものです。

　図13-2を見ながら、ビジネスモデルキャンバスを簡単に説明していきましょう。［価値提案］は、顧客に提供するアイデアです。［顧客セグメント］は、価値を提供する顧客やユーザーです。［チャネル］は、顧客に近づく方法です。［顧客との関係］は、各セグメントの顧客とリレーションシップを構築する方法です。

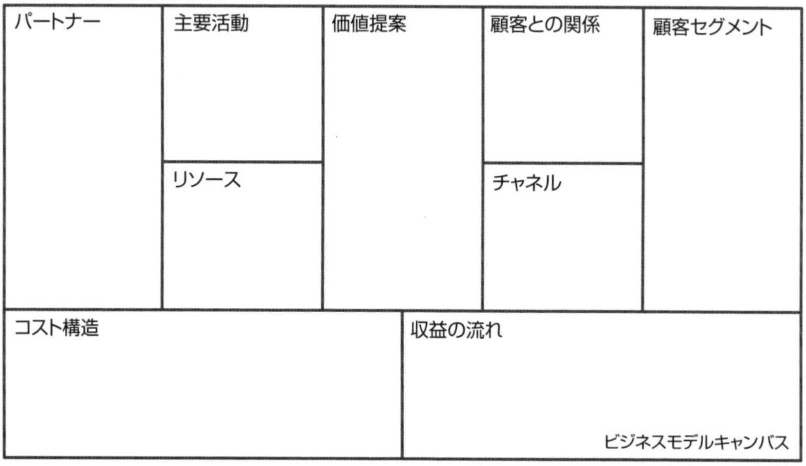

パートナー	主要活動	価値提案	顧客との関係	顧客セグメント
	リソース		チャネル	
コスト構造			収益の流れ	

ビジネスモデルキャンバス

図13-2：ビジネスモデルキャンバス

［収益の流れ］は、顧客が支払う金額から、どれだけお金を稼げるかを算出したものです。［リソース］は、アイデアの実現に必要な人材や機器です。［主要活動］は、そのアイデアを現実に変える活動です。［パートナー］は、チームや企業の外側にいる、信頼できる人たちです。［コスト構造］には、価値提案を構築する予測コストが含まれます。

ビジネスモデルキャンバスはどこから書き始めても構いません。ですが、［価値提案］から着手することをお勧めします。特定の顧客セグメントをターゲットにしている場合は、［顧客セグメント］から書き始めてもいいでしょう。いずれにしても、すべてのブロックが目の前にあるわけですから、どれか1つにフォーカスする必要はなく、時間をかけて有機的に書き進めていけばいいのです。

13.3　リーンキャンバス

リーンキャンバスは、アッシュ・マウリャの実験から生まれました。彼は、ビジネスモデルキャンバスは、既存のパートナー、顧客との関係、既存のビジネスの方向性にフォーカスした、既存のビジネスには効果的かもしれないが、スタートアップの環境には適していないと考えました。そして、新しい課題やソリューションの仮説思考が求められる、スタートアップでも使えるキャンバスが必要だと考えました。そこで、リーンスタートアップの知見をビジネスモデルキャンバスに取り込み、新たな「リーンキャンバス」を生み出しました。

アジャイルピットイン
リーンキャンバスは、直面している課題や機会にフォーカスした、実践的で起業家に適したビジネスプランです。

リーンキャンバスは、実践的で起業家に適したビジネスプランです。直面している課題や機会にフォーカスしており、そのソリューションを探索するものです。エンタープライズアイデアパイプラインの考え方は、現在の課題や機会をすぐに評価するというものです。リーンキャンバスを使えば、アジャイルの文化に適した、有意義で簡潔な情報を提供できます。

13.3 リーンキャンバス

リーンキャンバスでは、課題を1ページのキャンバスにマッピングします。まずは「記録」ステージで作ってみましょう。エンタープライズアイデアパイプラインでアイデアを進化させながら使うと便利です。リーンキャンバスでは、新しい情報を取得したときに、進化させたりピボットしたりすることが最初から意図されています。

ここでは、図13-3を見ながらリーンキャンバスを簡単に説明していきます。[課題] は、解決してようとしていることを特定する場所です。上位3つの課題を記述します。また、既存のソリューションが社内や市場で手に入る場合は、[既存の代替品] として記入しておきます。[顧客セグメント] は、ターゲットとなる顧客やユーザーです。そのなかにある [アーリーアダプター] も記入しておきます。[ソリューション] は、ターゲットとする顧客セグメントの課題を解決する方法です。

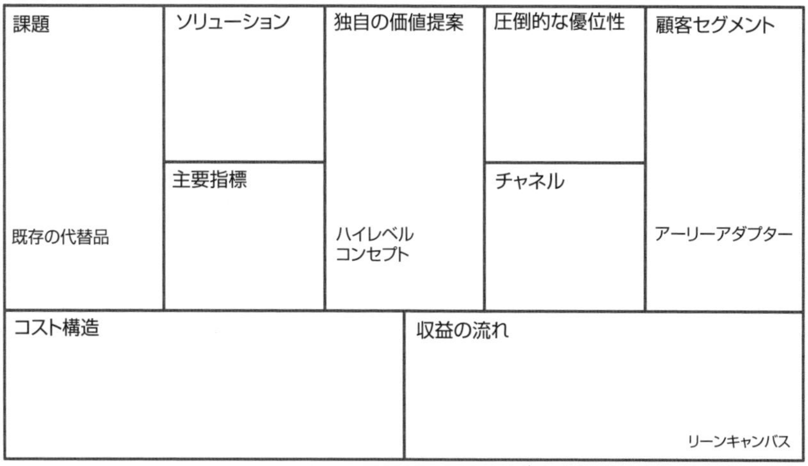

課題	ソリューション	独自の価値提案	圧倒的な優位性	顧客セグメント
	主要指標		チャネル	
既存の代替品		ハイレベルコンセプト		アーリーアダプター
コスト構造		収益の流れ		
				リーンキャンバス

図13-3：リーンキャンバス

[独自の価値提案] は、競合他社との違いです。ソリューションの概要を示す [ハイレベルコンセプト] も必要になります。この部分を「エレベーターピッチ」と呼ぶ人もいます。[圧倒的な優位性] は、競合他社よりも圧倒的に優れている点です。[収益の流れ] は、発生する可能性のある収益です。[コスト構造] は、ソリューションに関連する予測コストです。[主要指標] は、成果の進捗を示す指標です。[チャネル] は、顧客セグメントに近づく方法です。

リーンキャンバスの適用

このセクションでは、リーンキャンバスの使用例を示します。POと課題解決に投資している人たち（営業やマーケティングなど）は、リーンキャンバスの構築に協力してくれるでしょう。その後、「披露」ステージで共有して、先へ進めるほど優先順位が高いかどうかを判断します。

リーンキャンバスは課題を特定するところから始めます。特定の顧客が持つ課題を扱いたいときは、その顧客を知るために［顧客セグメント］から始めても構いません。ここでは、［課題］から始めることにします。

図13-4は、リーンキャンバスで課題に取り組んだ例です。まずは、みんなで課題について議論して、上位の課題を［課題］に記入しましょう。ここでは「外出中に金融情報にアクセスできない」「顧客を失う」「帰宅しないと口座の内容がわからなくて困る」などが出てきました。［既存の代替品］には「コンピュータを使う」や「他社のモバイルバンキングネットワークを使う」がありました。

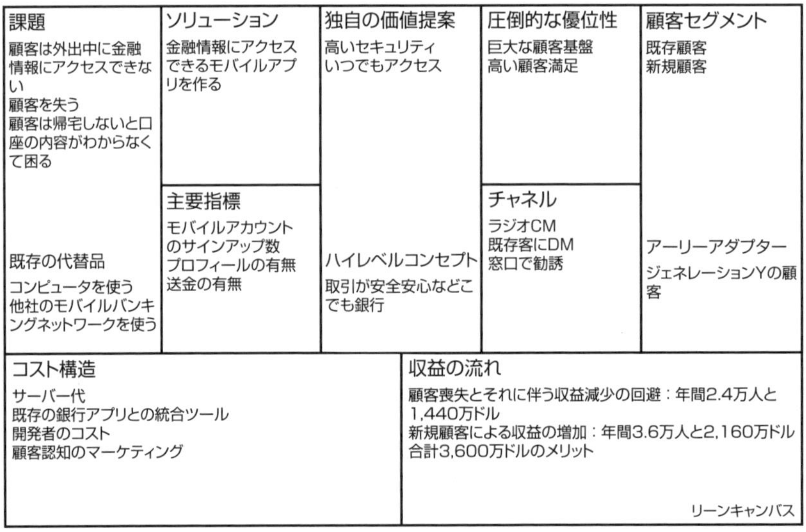

課題	ソリューション	独自の価値提案	圧倒的な優位性	顧客セグメント
顧客は外出中に金融情報にアクセスできない 顧客を失う 顧客は帰宅しないと口座の内容がわからなくて困る	金融情報にアクセスできるモバイルアプリを作る	高いセキュリティ いつでもアクセス	巨大な顧客基盤 高い顧客満足	既存顧客 新規顧客
	主要指標 モバイルアカウントのサインアップ数 プロフィールの有無 送金の有無		チャネル ラジオCM 既存客にDM 窓口で勧誘	
既存の代替品 コンピュータを使う 他社のモバイルバンキングネットワークを使う		ハイレベルコンセプト 取引が安全安心などこでも銀行		アーリーアダプター ジェネレーションYの顧客
コスト構造 サーバー代 既存の銀行アプリとの統合ツール 開発者のコスト 顧客認知のマーケティング			収益の流れ 顧客喪失とそれに伴う収益減少の回避：年間2.4万人と1,440万ドル 新規顧客による収益の増加：年間3.6万人と2,160万ドル 合計3,600万ドルのメリット	

リーンキャンバス

図13-4：リーンキャンバスの例

そこから、チームは［顧客セグメント］へ進み、上記の課題が既存顧客に大きな影響を与え、新規顧客の獲得の障壁になっていることを認識しました。［アーリーアダプター］には「ジェネレーションY」の顧客を設定しました。新しいソリューション、

なかでもモバイル関連のソリューションをすぐに採用する傾向があるからです。［圧倒的な優位性］のところでは、歴史的に「巨大な顧客基盤」を持ち、「高い顧客満足」を提供してきたことを思い出しました。

アジャイルピットイン
［顧客セグメント］を考えるときは、［アーリーアダプター］を特定することが重要です。初期バージョンをすぐに採用して、フィードバックを提供してくれるからです。

チームは、［独自の価値提案］を検討しました。セキュリティプロトコルによって銀行の安全性が確保され、ATMとコンピュータを使用した広域アクセスが顧客にとって特別なものになることを認識しました。そして、そのことを伝えるための簡単なエレベーターピッチを作ることにしました。最終的に「取引が安全安心などこでも銀行」になりました。

チームは、顧客の［ソリューション］として、モバイルアプリケーションの構築が必要だと判断しました。リリースされてから進捗を確認できるように、［主要指標］を設定しました。また、顧客に新しいモバイルアプリを認知してもらうために、［チャネル］を設定しました。

［コスト構造］には、サーバー、統合ツール、開発、マーケティングなどを含めました。最後に、新規顧客の獲得と顧客流出の回避を［収益の流れ］に記入しました。

リーンキャンバスを作成するエクササイズ
誰かと一緒に検討中か実現済みのアイデアを考えてみましょう。リーンキャンバスのテンプレートを順番にアイデアに適用してください。記入が終わったら、アイデアを他の誰か2人に説明してみましょう。フィードバックはありましたか？　何を学びましたか？

13.4　顧客価値キャンバス

ビジネスモデルキャンバスは、ビジネスプランをリーンに変更したものでした。リーンキャンバスは、直面している課題をビジネスモデルキャンバスで扱えるように変更したものでした。顧客価値キャンバスは、顧客価値駆動（CVD）と価値の要素（CoD、フィードバックループ、ペルソナなど）にフォーカスして、リーンキャンバスを変更

したものです。

　顧客価値キャンバスは、顧客価値を学ぶ第一歩として、アイデアを文書化・評価する実践的な方法です。アイデアにフォーカスして、価値を判断し、発見的なマインドセットと一致させるものです（そのため「ディスカバリーキャンバス」と呼ばれることもあります）。したがって、エンタープライズアイデアパイプラインに適したアプローチとなります。その背後にあるアジャイルの文化は、アイデアがやって来たらすぐに有意義で簡潔な方法で評価するというものです。

　顧客価値キャンバスでは、提案されたアイデアを1ページのキャンバスにマッピングします。なかでも顧客価値の獲得にフォーカスしています。まずは「記録」ステージで作りましょう。エンタープライズアイデアパイプラインでアイデアを進化させながら使うと便利です。顧客価値キャンバスでは、新しい情報（前提、実験のフィードバック、イテレーション、インクリメント、デモ）を取得したときに、ピボットすることが最初から意図されています。

　ここでは、図13-5を見ながら顧客価値キャンバスを簡単に説明していきます。［機会］は、解決しようとしている課題または探索したい新しいアイデアを記述する場所です。既存のソリューションが社内や市場で手に入る場合は、［既存の代替品］に記入しておきます。［顧客ペルソナ］は、ターゲットとなる顧客やユーザーです。

機会	前提とリスク	仮説としてのアイデア	圧倒的な優位性	顧客ペルソナ
	フィードバックループ	主要指標	チャネル	
既存の代替品				アーリーアダプター
コストと期間		遅延コストと価値スコア		顧客価値キャンバス

図13-5：顧客価値キャンバス

［仮説としてのアイデア］は、科学的かつデータ駆動でアイデアに取り組めるように、仮説を構築する場所です。［前提とリスク］は、CoD と期間を計算するときにアイデアの前提とリスクを記述する場所です。［フィードバックループ］は、顧客価値に向かっていることを確認するために、フィードバックを収集する方法です。

［圧倒的な優位性］は、競合他社よりも圧倒的に優れている点です。［チャネル］は、顧客ペルソナに近づく方法です。［遅延コストと価値スコア］には、CoD、週単位のCoD、CD3 を含めます。［コストと期間］は、ソリューションの予想コストと「理想」の期間の見積りです。［主要指標］は、成果の進捗とリリース後の結果を示す指標です。

顧客価値キャンバスの適用

このセクションでは、顧客価値キャンバスの使用例を示します。PO と課題解決に投資している人たち（営業やマーケティングなど）は、顧客価値キャンバスの構築に協力してくれるでしょう。その後、「披露」ステージで共有して、先へ進めるほど優先順位が高いかどうかを判断します。

アジャイルピットイン
顧客価値キャンバスは、課題よりも機会を扱います。ここでのアイデアは、課題の解決にもイノベーションの探索にもなるからです。

図 13-6 は、顧客価値キャンバスでアイデアに取り組んだ例です。まずは、みんなで革新的なアイデアや課題について議論しましょう。ここでは「モバイル中心の新規顧客を捕まえる」と「顧客は外出時に金融情報にアクセスできない」が出てきました。これらを［機会］に記入します。［既存の代替品］には他のグループが開発している「モバイルロケーターのコードを再利用する」ことが可能であることがわかりました。

そこから、チームは［顧客ペルソナ］に進みます。「エリン：高齢者」はモバイルアプリで便利になります。「サニー：ジェネレーション X」は主要なペルソナです。「デイヴィッド：ジェネレーション Y」は［アーリーアダプター］の例です。モバイル関連の新しいアイデアをすぐに採用する傾向があるからです。［圧倒的な優位性］では、歴史的に「巨大な顧客基盤」を持ち、「高い顧客満足」を提供してきたこと、それから強力なセキュリティプロトコルを持っていることを思い出しました。

機会	前提とリスク	仮説としてのアイデア	圧倒的な優位性	顧客ペルソナ
モバイル中心の新規顧客を捕まえる 顧客は外出時に金融情報にアクセスできない	モバイル顧客の喪失：2.4万人/年 モバイル顧客の獲得：3.6万人/年 モバイルのセキュリティプロトコル	今後3か月でモバイルユーザー30%増加	巨大な顧客基盤 高い顧客満足 強力なセキュリティプロトコル	エリン：高齢者 サニー：ジェネレーションX
既存の代替品	フィードバックループ	主要指標	チャネル	アーリーアダプター
モバイルロケーターのコードを再利用する	ストーリーマップにある機能を購入する 顧客デモ ベータ版	ベータ版の参加者 モバイルアカウントのサインアップ 送金の発生	ラジオCM 既存客にDM 窓口で勧誘	デイヴィッド：ジェネレーションY

コストと期間	遅延コストと価値スコア
サーバー代 既存の銀行アプリとの統合ツール 顧客認知のマーケティング 開発期間（「理想」期間で6週間）	収益の保護：顧客喪失の回避:276,923ドル/週 収益の増加：新規顧客の獲得:415,385ドル/週 CoD：692,308ドル/週 CD3：692,308ドル/6週間 = 11.5万ドル 顧客価値キャンバス

図13-6：顧客価値キャンバスの例

［仮説としてのアイデア］では、仮説形式でアイデアを記述します。コストと作業期間は［コストと期間］に記述します。ここでは、サーバー、統合ツール、マーケティング、「理想」期間の開発期間を含めました。［遅延コストと価値スコア］では、CoDとCD3を算出します。アイデアのライフサイクルのこの時点では、データや情報が限られているため、前提や既知のリスクを［前提やリスク］に記述しておきます。

［フィードバックループ］には、「洗練」ステージと「実現」ステージの顧客インプットやフィードバックを含めます。モバイルアプリがリリースされてから進捗を確認できるように、［主要指標］を設定しておきます。また、顧客に新しいモバイルアプリを認知してもらうために、チームのみんなで［チャネル］を検討しました。

顧客価値キャンバスを作成するエクササイズ

誰かと一緒に検討中か実現済みのアイデアを考えてみましょう。顧客価値キャンバスのテンプレートを順番にアイデアに適用してください。記入が終わったら、アイデアを他の誰か2人に説明してみましょう。フィードバックはありましたか？ 何を学びましたか？

13.5　生きているキャンバス

　本章で説明したキャンバスを使うときは、生き物だと考えましょう。アイデアに価値あると見なされているうちは、キャンバスは生き続けるべきです。また、「披露」ステージで注目されないまま、それ以上浮上しないことが明確なら、アーカイヴするべきです。

　キャンバスにあるアイデアは、エンタープライズアイデアパイプラインを流れるプロダクトやサービスを表したものです。キャンバスはアイデアの記録なので、アイデアの進化に合わせて進化させるべきです。新しい情報を取得してアイデアが変わったら、キャンバスも更新しましょう。

　5Rや6Rのモデルの各工程を処理するたびに、アイデアにまだ価値があるようなら、リーンキャンバスと顧客価値キャンバスを更新します。キャンバスはアイデアが今どこにあるかを示すスナップショットです。ただし、アイデアのステータスレポートではありません。新しい情報が見つかりそうな場所を指し示すべきです。

13.6　アイデアのキャンバスを描いているか?

　ビジネスモデルキャンバスは、ビジネスプランをリーンに変更したものでした。リーンキャンバスは、直面している課題をビジネスモデルキャンバスで扱えるように変更したものでした。顧客価値キャンバスは、顧客価値駆動（CVD）と価値の要素（CoD、フィードバックループ、ペルソナなど）にフォーカスして、リーンキャンバスを変更したものでした。個人的な体験が得られるように、リーンキャンバスと顧客価値キャンバスを実際に試してみることを強くお勧めします。

　あなたはどのようなキャンバスを描きますか?　次に行うべき仕事を定性的・定量的に意思決定するために、ビジネスプランのような重い文書を使っていたり、ほとんど情報を持ち合わせていなかったりする場合は、キャンバスを使ってみてください。まずは挑戦してみましょう。役に立つと思えば、必要に応じて変更しても構いません。

13.7　参考文献

- "Business Model Generation: A Handbook for Visionaries, Game Changers, and Challengers" by Alexander Osterwalder and Yves Pigneur, Jon Wiley and Sons, 2010（邦訳『ビジネスモデル・ジェネレーション』翔泳社）
- "Running Lean: Iterate from Plan A to a Plan That Works" by Ash Maurya, O'Reilly Media, 2012（邦訳『Running Lean ― 実践リーンスタートアップ』オライリー・ジャパン）

第 14 章

顧客フィードバックを取り入れる

> アジャイルのためにアジャイルを実現するわけではない。アジャイルを実現するのは、優れたビジネス成果を達成するためである。
>
> —Mario Moreira

　顧客価値を理解する上で最も重要な要素は、顧客からの貴重なフィードバックです。顧客価値駆動（CVD）企業とは、顧客が価値と考えるものに最適化し、その成果が達成するまで適応する企業のことです。企業内で CVD エンジンを構築しようとするとき、顧客とそのフィードバックは顧客価値エンジンの「ドライバー」となります。

　「記録」ステージから「回顧」ステージにいたるまで、デリバリー軸に沿って顧客フィードバックを取得することが重要です。フィードバックは複数回取得すべきであり、常に取り込む必要があります。顧客価値に向けて、継続的に収集、検討、並び替え、統合、適用していきましょう。

　顧客が誰か思い出せますか？　顧客とは、何を購入するかを選択し、どこから購入するかを選択できる人のことです。会社の外側にいて、プロダクトを購入することでビジネスを維持させている人です。したがって、顧客にエンゲージすることが最も重要です。本章で説明する顧客フィードバックとは、会社の外側にいて、プロダクトを購入することを選択し、会社に収益をもたらす人のフィードバックを指します。

本章では、デリバリー軸にフィードバックループを組み込み、ペルソナを構築し、ペルソナを埋め込み、顧客フィードバックビジョンを作成する方法について説明します。これらを行うことで、顧客を体系的に理解し、貴重なフィードバックを得るためにエンゲージすることが可能です。

14.1　顧客フィードバックループ

フィードバックループは、アイデアパイプラインの特定のポイントで、あるアクティビティから受け取ったアウトプットを次のアクティビティのインプットとして使用することです。アイデアを構築する場合、デモに参加した顧客からもらったフィードバックは、次の計画セッションのインプットとして使用されます。プロダクトやアイデアの方向性を調整するためです。

アジャイルピットイン
フィードバックループには2つのタイプがあります。「検証」はプロダクトを正しく作っていることを確認し、「妥当性確認」は正しいプロダクトを作っているかを確認します。

フィードバックはアクティビティの結果であり、アイデアをテストすることです。テストには、「検証」と「妥当性確認」の2つのタイプがあります。検証では、プロダクトを正しく構築しているか、設計どおりに動作するかを判断するフィードバックを提供します。たとえば、ボタンが新しい場所に移動した場合は、検証テストで正しいかどうかをフィードバックします。ほとんどの検証テストのテスターは、社内の人間です。

妥当性確認では、正しいプロダクトを構築しているかどうかを判断するフィードバックを提供します。たとえば、ボタンを作成するユーザーストーリーがあった場合、妥当性確認テストで顧客にボタンに満足しているかを質問します。そして、プロダクトが適切かどうか、変更が必要かどうかを企業に顧客フィードバックとして伝えます。妥当性確認のテスターは、会社の外部にいる顧客です。したがって、顧客フィードバックループは、顧客のニーズを満たしているかを確認する妥当性確認となります。

顧客は実際に動作するプロダクトを見て喜んでいます。価値のあるプロダクトになるまでは、検査と適応のアプローチにより、顧客はニーズを検討・調整できます。

フィードバックループは、図14-1に示すように、アイデアパイプラインのデリバリー軸に沿って考慮する必要があります。顧客フィードバックループの成果は、将来の意志決定とプロダクトの方向性です。ただし、フィードバックループの一環としてアイデアを共有する前に、NDAを結ぶ必要があるかもしれません。注意してください。

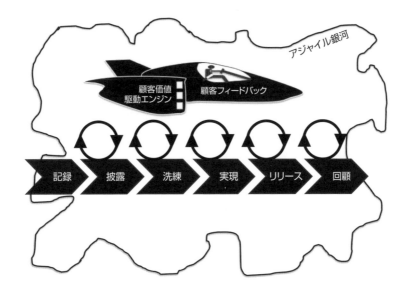

図14-1：デリバリー軸に沿ったフィードバック

顧客フィードバックループのマインドセット

　顧客価値の学習は、顧客価値の旅における重要なマインドセットです。偽りや傲慢の確実性という危険な態度を捨て去り、顧客が必要とするものを探索することを可能にします。最善のアプローチは、フィードバックによって学習の概念を組み込み、顧客価値を特定することです。これは、顧客フィードバックループによって段階的に情報を取得し、学習したことを継続的に顧客価値に適応する、発見的なマインドセットです。

　可能な限り多くの顧客フィードバックループを持ちましょう。これは簡単なことではありません。アジャイルを取り入れても、顧客フィードバックループがなければ結果は伴いません。プロダクトを構築した人たちが気分を害すため、顧客フィードバックは不快な行為に思われる可能性もあります。顧客価値に近づくために、フィード

バックを収集、検討、並び替え、統合、適用する成熟した、意欲的なマインドセットが必要です。

> **アジャイルピットイン**
> 顧客フィードバックループを確立することは、マインドセットであり、プラクティスでもあります。顧客価値を実現するためには、顧客フィードバックの重要性を信じる必要があります。

　時間をかけてプロダクトを構築するときは、フィードバックによって気分を害することなく、オーナーシップの誇りを持ちながら、短い期間のイテレーションで定期的にデモを開催しましょう。こうすれば、レビューまでに時間をかけすぎることがなくなり、フィードバックが得られる前に間違った方向へ進むこともなくなります。

　言うのは簡単ですが、顧客フィードバックはプラスの効果をもたらすものだということを受け入れましょう。それが、プロダクトの改善や企業の成功につながるのです。顧客の変化に対応するよりも計画に従うプロセスに慣れていると、顧客フィードバックを受け入れて変化に対応するというのは、気持ちの切り替えが難しいかもしれません。ですが、顧客フィードバックを常に受け入れる発見的なマインドセットを身に付けることが、目指すべき答えになります。

　また、時間をかけて最善のフィードバックループを特定し、顧客フィードバックの健全なビジョンを構築するといいでしょう。そのためには、デリバリー軸のどこでフィードバックを取得するのが最も労力が少なく、最も重要なのかを考えてみてください。たとえば、ウェブベースのスプリントレビューやデモがいい例でしょう。顧客はあまり労力をかけることなく、自宅やオフィスからでもデモに参加できます。

顧客フィードバックループのタイプ

　顧客フィードバックループには、多くのタイプがあります。最も一般的な顧客フィードバックループは、これまでに開発されたプロダクトを顧客に見せるスプリントレビューまたはデモです。図14-2に示されているように、顧客価値に向かって強固な道筋を作るためには、複数の顧客フィードバックループを適用する必要があります。

　「披露」ステージでは、リーンキャンバスや顧客価値キャンバスを顧客と共有します。その後、顧客と一緒にアイデアを見ながら、それが望んでいたものか、価値があ

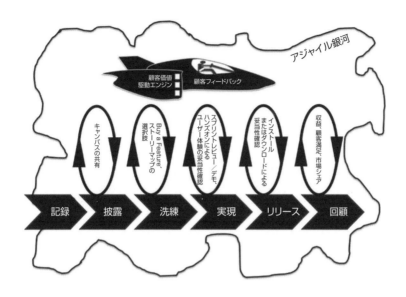

図14-2：デリバリー軸のさまざまな顧客フィードバックループ

ると思えるものかを確認します。顧客価値の方向に正しく進んでいるかを理解することが目的です。

「洗練」ステージでは、第12章で紹介した「Buy a Feature」をプレイして、次のリリースの価値を高める機能をPOが選択します。このゲームでは、プレーヤー（顧客）は、最も価値が高いと思う機能を購入・交渉します。顧客価値が顧客にどのように見えるかを理解することが目的です。

「洗練」ステージでは、インクリメントを切り出す前に、顧客にユーザーストーリーマップをレビューしてもらいます。バックボーンとプロセスを強調して、顧客の体験の道筋を検証してもらいます。その後、選択肢を調べながら関心のレベルを計測し、魅力的な選択肢があるかどうかを確認します。顧客価値の方向に進むことが目的です。

 アジャイルピットイン
顧客フィードバックループは、デリバリー軸の5段階（披露、洗練、実現、リリース、回顧）に沿って適用できます。そして、最終的には顧客価値に至ります。

「実現」ステージでは、顧客をスプリントレビューやデモに招待します。これは、

チームやPOがスプリントで開発したプロダクトを顧客にデモするフィードバックです。進捗状況を示し、顧客から重要なフィードバックを取得します。顧客価値への適応が定期的に行われるように、周期的にデモを開催しましょう。顧客価値の方向に進むことが目的です。

「実現」ステージでは、ハンズオン形式の顧客体験のアクティビティを実施します。これは、シミュレーションやパイロット環境でプロダクトを試してみるというものです。顧客体験やユーザー体験のエクササイズとして実施しても構いません。アルファ版やベータ版の扱いになるでしょう。ユーザビリティや満足度に関するフィードバックを得ることが目的です。

「リリース」ステージでは、インストールが必要なオンプレミス製品の場合、その作業のフィードバックを顧客に依頼します。これは、顧客が実際にソフトウェアをインストールする検証です。サーバーにインストールする顧客や、モバイルアプリをインストール顧客にも適用できます。いずれも、技術的なフィードバックと満足度のフィードバックを取得します。

「回顧」ステージでは、すでにアイデアが一般に公開されています。ここでは、市場での動き、購入してくれた顧客数、顧客は満足しているか、告知どおりに使用されているかなど、さまざまなフィードバックを収集します。顧客にとって価値があるかどうかを確認するために、収益データ、市場シェアデータ、顧客満足度データを収集することが目的です。

利用可能なフィードバックループをたくさん作ればいいわけではありません。それによって顧客価値を理解できるかどうかが重要です。収集する労力の割に役に立たないフィードバックループもあります。「構築の労力が低く、価値の高い」フィードバックループから見つけていきましょう。

 フィードバックループのエクササイズ
現在取り組んでいるプロダクトを考えてみましょう。どのような顧客フィードバックループを採用していますか？ さらに顧客価値に適応するためには、デリバリー軸にどのようなフィードバックループを追加できるでしょうか？

14.2　顧客ペルソナを構築する

　プロダクトを構築するとき、どれだけ顧客のことを把握していますか？　顧客のことを視覚化できますか？　モチベーションを理解していますか？　すべての顧客タイプのユーザーストーリーはありますか？　プロダクトのペルソナを知ることで、以上の質問に「はい」と答えることができます。

　「ペルソナ」は、プロダクトやサービスの特定のユーザーを表したものです。ほとんどのプロダクトには複数のペルソナがいて、さまざまな方法でプロダクトを使用します。銀行アプリの3人のペルソナは、高齢者のエリン、ジェネレーションXのサニー、ジェネレーションYのデイヴィッドでした。

高齢者のエリン：
　標準的なユーザーインターフェイスを使用して簡単な作業を行う顧客です。作業するときは、コンピュータを使用したり、窓口に依頼したりします。モチベーションとなるのは、口座を確認したり、投資を増やしたりすることです。

ジェネレーションXのサニー：
　複雑なインターフェイスを使用して複雑な作業を行う顧客です。コンピュータには精通していますが、モバイルはそれほどではありません。モチベーションとなるのは、さらに機会を活用するためにモバイルで銀行業務を行うことです。

ジェネレーションYのデイヴィッド：
　標準と複雑の両方のインターフェイスを使える顧客です。モバイルに精通しています。投資は初心者です。モチベーションとなるのは、これから投資のことを理解して、実際に投資をすることです。

　3人の顧客ペルソナは、プロダクトを異なる方法で使っています。それぞれのニーズに合わせて、さまざまな機能が設計されています。ペルソナは、機能に関する意思決定をガイドする強力な方法であり、各ペルソナを支援できるように機能を確実に構築できるようにします。ペルソナは、ユーザーストーリーの重要な要素です。ユーザーストーリーの記述にペルソナを含めると、Point of View（視点）が提供され、誰のた

めのものかを定義できます。ペルソナの典型的な情報には、以下が含まれます。

- 架空の名前と職業
- 属性情報：年齢、性別、学歴、家族構成
- 経歴、責任、経験を物語形式で
- アイデアや行動を促すモチベーション
- 不満につながるペインポイント
- ゴールや片付けるべきジョブ
- 最も重要な要因を示す言葉の引用
- そのユーザーグループを表すカジュアルな写真

ペルソナは種類ごとに設定することをお勧めします。通常は、実際の役割を表す架空の人物を設定します。図14-3のように架空の人物に名前を付けてペルソナを設定すると、関連付けて想像しやすくなります。

サニー：ジェネレーションX

- 銀行の顧客
- 女性、40代半ば、既婚、子持ち
- MBA、学士（ファイナンス）
- 事業用不動産を専門として、忙しい日々を送る。普通口座と法人口座を保持。
- コンピュータに精通しているがモバイルはそうでもない。
- 10年以上のロイヤル顧客。
- 法人口座をモバイルから使いたいというモチベーションがある。

「携帯電話から銀行口座に簡単にアクセスしてすばやく取引したいわ」

- モバイルデバイスから口座が利用できないことにより機会を失うというペインポイント。
- 資金転送、オンラインバンキング、株取引による資産形成というジョブ。
- 家や外出先から仕事する傾向。

図14-3：ペルソナの例

通常は、プロダクトオーナーがペルソナを作ります。まず、「記録」ステージの初期段階で検討を開始します。「洗練」ステージでドラフトを作成し、チームと共有して、

誰のためにアイデアを構築するかを理解してもらいます。その後、ペルソナをチームの作業部屋に貼り付けます。作業部屋とは、リファインメント、グルーミング、計画、その他のアジャイルのイベントが発生する場所です。「披露」ステージでは、仕事の優先順位を付けるステークホルダーとも共有すべきです。

アジャイルピットイン
「片付けるべきジョブ」では、プロダクトだけでなく、プロダクトによって顧客が片付けるジョブにまでフォーカスを広げます。なお、ジョブは仕事ではありません。顧客とミーティングするわけではありません。

アイデアを「披露」ステージから「回顧」ステージまで進化させ、顧客ニーズに合ったプロダクトを構築するときに、プロダクトのペルソナを作り、顧客の視点を理解することを検討してください。

ペルソナを作るエクササイズ
あなたのプロダクトやアイデアについて考えてください。そして、それを使用するペルソナを 2 種類用意してください。図 14-3 のような形式を使い、架空の名前、属性情報、経歴、モチベーション、ペインポイント、片付けるべきジョブ、言葉引用、カジュアルな写真などを含んだ 2 人のペルソナを作ります。少なくとも誰か 2 人とペルソナを共有し、改善のためのフィードバックを取得してください。

14.3　現在のペルソナと明日のペルソナ

　顧客価値は 2 つの部分に分かれています。まずは、現在の顧客をペルソナで理解することです。顧客フィードバックを継続的に取得・適応しながら、顧客と市場の動向を把握します。クリエイティブでありながら体系的であり、顧客ニーズと市場の方向性にフォーカスします。

　もうひとつは、明日の顧客を理解することです。そのために明日の顧客を表した「顧客 2.0」というペルソナを作ります。今後のプロダクトの方向性に役立てるために、顧客が望むことや、まだわかっていないがこれから望むこと（未知の未知）を探します。

>
> **アジャイルピットイン**
> 顧客 2.0 は、これから対象とする明日の顧客です。

「未知の未知」の例は、大きなスマートフォンです。世の中の携帯電話が小型化していたとき、顧客が大きなスマートフォンに移行すると誰が予測していたでしょうか？

「既知」の例は、アプリを統合したい顧客です。「洗練」ステージでは、アイデアの一部やバックログの作業を統合できます。顧客 2.0 は、プロダクトビジョンに合わせて調整可能です。また、そのビジョンに合わせて人材やツールを適応することもできます。

顧客 2.0 は「将来の顧客」というタイプのペルソナです。このペルソナに適合する人物を特定するのは難しいかもしれませんが、最先端の技術やプロダクトを求めている「流行好き」を探すことはできます。顧客 2.0 は未来にフォーカスしていますが、まずは現在の顧客のニーズにフォーカスし、それから明日の顧客のニーズにフォーカスしていきましょう。すばやい顧客フィードバックが、意思決定の要因の大半を占めるでしょう。

14.4　「記録」から「回顧」までペルソナを使う

デリバリー軸に沿ったペルソナを作れば、提供するものが顧客にとって価値があることが明らかになり、大きなメリットが得られます。主なメリットは、アイデアに関わる人たちが顧客やユーザーを理解できるようになることです。それにより、機能の意思決定がうまくできるようになります。ペルソナの意図を効果的に適用するには、図 14-4 のように、デリバリー軸にペルソナの概念を埋め込む必要があります。

「記録」ステージの早い段階では、アイデアが誰のためのものかを理解するためにペルソナを使います。第 13 章で説明したキャンバスには、ペルソナ（顧客セグメント）のブロックも用意していました。

「披露」ステージでは、優先順位の決定にペルソナが使えます。既存のプロダクトには、注目すべきペルソナがいるはずです。たとえば、モバイルインターフェイスが

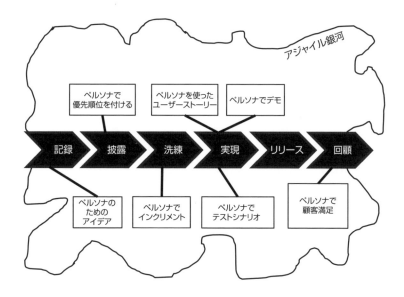

図14-4：デリバリー軸に沿ったペルソナの使用

複雑で、ジェネレーションYのデイヴィッド（アーリーアダプター）を対象にしている場合でも、ジェネレーションXの体験を把握するために、サニーに注目したほうがいいかもしれません。

「洗練」ステージでは、アイデアの最初のインクリメントをカットするために、特定のペルソナが使えるでしょう。ユーザー体験や顧客体験を考慮するときに、ターゲットとなるペルソナがあるでしょうか？　たとえば、ジェネレーションYのデイヴィッドは、ジェネレーションXのサニーとは異なる顧客体験やインターフェイスを経験する可能性があります。

「実現」ステージでは、ペルソナはユーザーストーリーの一部です。ユーザーストーリーには、ペルソナを書き込むようにします。誰のための要求を書いているかをチームが理解できるようにします。たとえば、高齢者のエリンは、ジェネレーションXのサニーよりも簡単なモバイルインターフェイスを必要とするでしょう。

「実現」ステージでは、ペルソナがプロダクトを使うことをサポートする受け入れテストとテストケースをテスターが作ります。たとえば、ジェネレーションYのデイヴィッドのモバイルインターフェイスのテストケースは、ジェネレーションXのサニーのテストケースとは異なります。

> 　**アジャイルピットイン**
> 適切なペルソナからフィードバックを取得しましょう。間違ったペルソナから取得すると、間違った方向に進んでしまいます。

　「実現」ステージでは、効果的なフィードバックを取得するために、ペルソナにもとづいてプロダクトオーナーが誰をレビューやデモに招待するかを決めます。対象としていないペルソナからのフィードバックは適切ではありません。たとえば、高齢者のエリンをターゲットにした機能に対して、ジェネレーションYのデイヴィッドからフィードバックをもらったとしても、ネガティブなものになるでしょう。どのような種類のフィードバックループでも、適切なペルソナを招待する必要があります。

　「回顧」ステージでは、収益データ、市場シェアデータ、顧客満足度データを収集する際に、それらのデータがどのようなペルソナから来ているのかを理解することが重要です。たとえば、収益の90%がジェネレーションXのサニーから来ていることを把握していれば、「披露」ステージで今後の優先順位付けを決めるときに、その情報を組み込むことができます。

14.5　顧客フィードバックビジョン

　フィードバックループとペルソナを使い、アイデアの熟考と真剣なフィードバックループを組み合わせれば、「顧客フィードバックビジョン」と呼ばれるものになります。残念ながら、このような熟考とフィードバックループの適用は、多くのアジャイルなプロダクトチームには欠けています。アジャイルにおける顧客フィードバックはデモに限られていますが、顧客は必ずしもデモに参加するとは限りません。顧客フィードバックは顧客価値のガイドであり、もっと真剣に取り組まなければいけません。

　ビジョンの目的は、顧客フィードバックの背後にある考え方を知る場を作ることです。こうしたビジョンには、ペルソナの構築、フィードバックセッションの用意、企業の特定、フィードバックセッションに参加を促す方法の発見などがあります（図14–5）。

顧客ペルソナ	ターゲット企業	フィードバックループ	モチベーション
高齢者のエリン：シンプルな作業を行うために、基本的なユーザーインターフェイスを使う。ジェネレーションXのサニー：洗練された作業を行うために、複雑なインターフェイスを使う。ジェネレーションYのデイヴィッド：すべてのインターフェイスを使える。技術的にモバイルに精通している。	Acme社：顧客数5万。季節限定 Burns Industries社：潜在顧客1万 Sparcely Sprockets社：ロボット1万、顧客数1,000。季節限定 Gringotts社：ゴブリン1,000、顧客5,000	披露：キャンバスのレビューによるフィードバック 洗練：ストーリーマップのレビューによるフィードバック 実現：スプリントごとのスプリントレビューによるフィードバック 回顧：収益、満足度、市場シェアによるフィードバック	顧客アドバイザーボードのメンバーに任命 25ドルのギフトカードでフィードバックセッションに招待 早期の気づきを開発に提供 アイデア構築時にリード発言者に任命

顧客フィードバックビジョン

図14-5：顧客フィードバックビジョンの例

　このビジョンはプロダクトオーナーが所有し、プロダクトと一緒に生き続けます。ビジョンを構築できたらチームに共有して、ビジョンの存在と検証の重要性をみんなで認識します。顧客価値キャンバスには［フィードバックループ］と［顧客ペルソナ］のブロックがあるので、そこから着手するといいでしょう。顧客フィードバックビジョンを作っていなければ、早速作ってみましょう。

14.6　フィードバックループは顧客価値につながっているか?

　企業内でCVDエンジンを構築するときは、顧客とそのフィードバックが顧客価値エンジンの「ドライバー」になります。CVD企業は、顧客価値に最適化し、成果を達成するまで適応します。デリバリー軸で顧客フィードバックを取得することが重要です。フィードバックは、顧客価値につなげるために、収集、検討、並び替え、統合、適用する必要があります。

　顧客価値を追求するために、効果的なフィードバックループを実装し、CVDエンジンのバックボーンを形成しましょう。ペルソナを作ることで、関係者全員が誰のために構築しているかを理解することができます。デリバリー軸にペルソナを埋め込むことで、適切な顧客にフォーカスできます。間違ったペルソナからフィードバックを得ると、顧客価値から離れていきます。対象としているペルソナを知ることで、顧客価値の提供にフォーカスできます。顧客フィードバックを顧客フィードバックビジョンに組み込むことで、フィードバックの要素をさらに意味のある顧客フィードバックへとつなげていけます。

14.7 参考文献

- "VFQ Feedback" by Emergn Limited, Emergn Limited Publishing, 2014
- "Buyer Personas: How to Gain Insight into your Customers Expectations, Align your Marketing Strategies, and Win More Business" by Adele Revella, Wiley, 2015

第15章
要求ツリーを構築する

価値の高いアイデアが着手されているかどうかを知るには、アイデアからユーザーストーリーまでの親子関係を把握する。

—Mario Moreira

「要求」は漠然とした言葉です。企業戦略のように大きなこともあれば、タスクのように小さなこともあります。参照する要求の種類やレベルに言及しないまま、「要求」という言葉を乱用する人がよくいます。今話しているのは、ユーザーストーリー、ビジネス要求、技術要件、戦略、アイデア、タスクのどれでしょうか?

事実、企業にはあらゆるレベルの要求が存在します。しかし、要求のレベルは、従業員やマネジメントにとって常に明確であるとは限りません。企業全体でレベルが同じでなければいけないとは言いませんが、プロダクトチームはレベルを把握する必要があります。レベルが不明瞭なのであれば、意図的に排除する必要があります。そして、「要求ツリー」を理解するために労力をかける必要があります。

15.1 要求ツリー

企業やプロダクトチームは要求の系統を理解すべきです。私はこれを「要求ツリー」と呼んでいます。これは、企業内のさまざまな要求の構造的な階層を表したものです。前章で説明した「アイデア」は、大きな要素になります。「ユーザーストーリー」は、小さな要素になるでしょう。要求は企業の仕事に影響を与えるため、取り組んでいる要求に本当に価値があるのか、秘密の裏道や未評価のバックドアからやって来た、単なるランダムな要求なのかを把握することが重要です。ユーザーストーリーやタスクをアイデアまで遡ることはできますか？

要求ツリーの要素とは何でしょうか？　業界標準があるわけではありませんし、企業によっても異なるでしょうが、どのようなものがあるかを把握することが重要です。図 15–1 のように、企業戦略から開始して、タスクまでつなげておくといいでしょう。

図15-1：要求ツリーの例

要求ツリーのレベルを構築できたら、各レベルを記述する定義を作ることが重要です。図 15–1 の例を使い、各レベルを説明しましょう。企業戦略は、企業のために設定された高レベルの目標と方向性です。部門戦略は、部門の目標と方向性にフォーカ

スしています。アイデアは、価値駆動と成果ベースの機会です。インクリメントは、アイデアの価値を検証するアイデアのスライスです。エピックは、機能や大きなユーザーストーリーです。ユーザーストーリーは、スプリントや数日以内に完成する、特定のペルソナのための独立した要求です。タスクは、ユーザーストーリーを段階的に構築する小さな作業単位です。

アジャイルピットイン

要求ツリーを使用すると、議論している要求のレベル、要求のトレーサビリティ、チームに必要な教育を理解できます。

企業戦略を一番上ではなく一番下に置いていることに気づいたかもしれません。企業戦略は木の幹として表現しています。小さな要素（アイデア、インクリメント、エピック、ユーザーストーリー、タスク）がそこから成長していくように、ガイドを提供するものだからです。戦略は顧客フィードバックや市場の状況によって、時間をかけて変化していくものですが、短期的には検討すべき作業のガイドとなるべきです。

以下のバージョンで作った要求ツリーが、図15-1 です。

 企業戦略、部門戦略、アイデア、インクリメント、エピック、ユーザーストーリー、タスク

別のバージョンとしては、以下のようなものもあります。

 ビジネスビジョン、ビジネス目標、ビジネス要求、技術要件、タスク

 企業目標、機能、ユースケース、ユーザー要求、タスク

要求ツリーで重要なのは、自分が行っている仕事のタイプに合ったものを作ることです。たとえば、部門が1つしかなければ、部門戦略は必要ありません。要求ツリーの作成を検討するのは、エグゼクティブ、プロダクトオーナー、チームメンバーの組み合わせです。要求ツリーを作成したら、みんなと共有しましょう。

要求ツリーを作成するエクササイズ

あなたの組織を考えてみましょう。要求の階層を大きな要素から小さな要素まで定義できますか？ 他の誰かと一緒にやってみましょう。実際に図にしてみましょう。構造について、意見の相違や混乱はありますか？

15.2　要求の要素の属性

要求ツリーを作ることで、いくつかの利点が生まれます。まず、最大の要求（企業戦略）から最小の要求（タスク）まで、さまざまな要素の関係を理解できることです。次に、議論している要求レベルをマネジメントと従業員が理解できることです。最後に、見逃されている要求レベルを把握できることです。要求レベルは見逃しやすいですが、議論が必要かどうかを判断するために、きちんと確認しておきましょう。

組織を流れるアイデアについて考えたり、それをユーザーストーリーやタスクに分解する方法を考えたりするときは、要求ツリーのようすや必要な要素を把握することが重要です。

- すべての要素は、顧客価値にフォーカスしたものでなければいけません。
- 企業戦略以外の要素は必ず親を持つべきです。
- すべての親は2つ以上の子を持っています（タスクのないユーザーストーリーもあります）。
- 親の要素が顧客ニーズを満たすために、すべての子を完了させる必要はありません（エピックの子である8つのユーザーストーリーのうち、5つだけで顧客は満足するかもしれません）。

企業、部門、グループ、チームごとに、異なる要求ツリーを持つこともできます。ただし、依存関係やコラボレーションが必要な場合は、共通の要求ツリーを持ったほうがいいでしょう。

15.3　要求ツリーのナビゲート

要求ツリーを持つことには、少なくとも3つの利点があります。1つ目は、議論している要求のレベルを理解できることです。これは、最初に認識するよりも重要なことかもしれません。たとえば、ユーザーストーリーレベルとアイデアレベルで議論していると、すぐに話が脱線してしまうでしょう。アイデアレベルでは、選択肢を検討する発散型の議論になりますし、ユーザーストーリーレベルでは、すぐに取り掛かれるように詳細を詰める収束型の議論になります。

>
> **アジャイルピットイン**
> トレーサビリティを理解すれば、その作業がアイデアからやって来たものか、バックドアから挿入されたものかを知ることができます。

2つ目は、アイデアまでのトレーサビリティがあることです。作業のトレーサビリティを理解することで、顧客価値のある作業に取り組んでいるかを知ることができます。また、そのユーザーストーリーがアイデアからやって来たものか、バックドアから挿入されたものかを突き止めることができます。これは、重要なユーザーストーリーが完成しない理由を説明することにもつながります。他の場所から生まれた要求があっても構いませんが、どこから発生したのかを把握しておくべきです。

3つ目は、要求のレベル、各レベルの参加者、各レベルで使用するアジャイルのコンセプトとプラクティスを、チーム、マネジメント、特に新しいスタッフに教育できることです。図15-2は、要求ツリーの例と企業戦略からタスクへの分解方法を示しています。

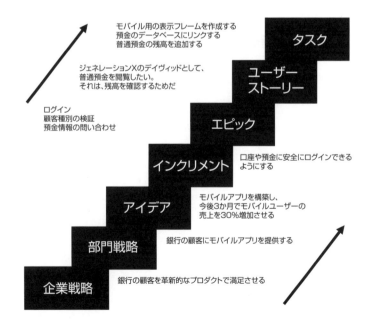

図15-2：要求ツリーをナビゲートする例

この例では、企業戦略「銀行の顧客を革新的なプロダクトで満足させる」から始めました。そこから、部門戦略で企業戦略を検討し、「銀行の顧客にモバイルアプリを提供する」を設定しました。次に、「モバイルアプリを構築し、今後3か月でモバイルユーザーの売上を30%増加させる」というアイデアを思いつきました。

アイデアを薄くスライスしたインクリメントは、「口座や預金に安全にログインできるようにする」になりました。そこから「ログイン」「顧客種別の検証」「預金情報の問い合わせ」というエピックを作りました。「預金情報の問い合わせ」のエピックから、「ジェネレーションXのデイヴィッドとして、普通預金を閲覧したい。それは、残高を確認するためだ。」というユーザーストーリーが生まれました。タスクは「モバイル用の表示フレームを作成する」「預金のデータベースにリンクする」「普通預金の残高を追加する」になりました。

> **要求ツリーを作成するエクササイズ**
> 2〜3人で要求ツリーを考えてみてください。図15-2を参照しながら、要素をレベルごとに文書化してみましょう。実際の例を使うといいでしょう。作ったら誰かと共有してください。役に立つかどうか、改善できるところはないかと聞いてみましょう。

15.4　要求ツリーに役割を合わせる

要求ツリーの利点は、各レベルに誰が関与するかを検討できることです（図15-3）。企業の誰もがすべてのレベルにインプットを提供できますが、各レベルの責任者を示す権限範囲を用意しています。もちろん、すべての要求は顧客価値の提供が目的であり、傲慢な確実性によってもたらされるものではありませんので、顧客フィードバックを受けながら要求を変更していく必要があります。

戦略の権限範囲を持っている人、インクリメントの権限を持っている人、ユーザーストーリーの権限を持っている人は誰でしょうか？　各種戦略については、シニアマネジメントが検討しながら意思決定します。インクリメントは、プロダクトオーナーが意思決定しますが、チームや顧客からのインプットも含めます。ユーザーストーリーのレベルでは、チームがどのように作るか、どのように自己組織化するかを決定します。

では、要求ツリーと役割をどのように合わせればいいでしょうか？　誰もがアイデアに貢献できますが、優先的に意思決定できるのはシニアマネジメントやプロダクト

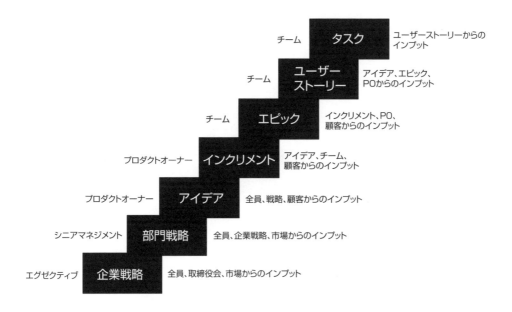

図15-3：要求ツリーに役割を合わせる

オーナーです。そのことを覚えておいてください。

> **Note** **要求ツリーと役割を合わせるエクササイズ**
> 誰かと一緒に要求ツリーを考えてみましょう。要素のレベルごとに、誰がインプットを提供することができ、誰が権限を持つことができますか？　図 15-3 のような図を作成してください。作ったら誰かと共有してください。役に立つかどうか、改善できるところはないかと聞いてみましょう。

15.5　要求ツリーをアジャイルに合わせる

　要求ツリーのもうひとつの利点は、図 15–4 に示すように、各レベルでどのようなアジャイルのコンセプトやプラクティスが適しているかを検討できることです。さまざまなレベルで試してみるのもいいかもしれませんが、まずは初期セットを試してみて、そこから学んだことや他の選択肢を取り入れたりすることが有益です。たとえば、まずはユースケースを使用してインクリメントをカットしてから、応用としてストーリーマッピングを試してみる、という方法が考えられます。

図15-4：各要求レベルで使用するアジャイルのコンセプトとプラクティスの例

　図15-4に示したように、エグゼクティブはビジョンステートメントを使い、企業のあらゆるところにゴールを共有することができます。部門レベルではビジネスモデルキャンバスを使い、これまでどこにいたのか、これからどこへ行くのか、どのようにビジョンをサポートするのかを議論します。アイデアは、CoDとCD3を含めた顧客価値キャンバスとして、エンタープライズアイデアパイプラインからやって来ます。

　アイデアが価値を持っているかを確認するために、ストーリーマッピングで薄くスライスします。インクリメントから来たエピックやユーザーストーリーは、バックログに追加してグルーミングします。ユースケースはエピックの具体化に使います。標準書式で記述したユーザーストーリーは、ユニットテストに対応しています。ユーザーストーリーはタスクとして漸進的に開発していきます。

　アジャイルのコンセプトとプラクティスの一環として、顧客価値の方向性を検証するために、各要求レベルごとに第14章のフィードバックループを導入する必要があります。戦略を最適な作業に分解できるアジャイルのコンセプトとプラクティスを見つけましょう。

> **要求ツリーとプラクティスのエクササイズ**
> 誰かと一緒に要求ツリーを考えましょう。要素のレベルごとに、理解やコラボレーションに役立つアジャイルのコンセプトとプラクティスを見つけましょう。図 15–4 のような図を作成してください。作ったら誰かと共有してください。役に立つかどうか、改善できるところはないかと聞いてみましょう。

15.6　どのような要求ツリーか?

　「要求」は漠然とした言葉であり、さまざまなレベルがあります。今話しているのは、企業戦略ですか？　ユーザーストーリーですか？　機能ですか？　アイデアですか？　それ以外ですか？　企業やプロダクトチームの認識は一致していないと考えましょう。そして、共通の要求ツリーを作り、ベースとなる用語を統一しましょう。用語やレベルを固定するわけではなく、時間をかけて変更していきましょう。要求ツリーがあれば、現在取り組んでいるユーザーストーリーやタスクが、価値のあるアイデアにつながっていることを確認できます。

　要求ツリーを作成する利点は、要素、役割、アジャイルのコンセプトとプラクティスの 3 つを確認できることでした。1 ページのキャンバスと同じように、要求ツリーは要求の関連と、顧客価値を生み出すためにどのように協力するかについて、透明性とガイダンスを提供します。

第16章
アイデアをストーリーマッピングに分割する

> ストーリーマッピングを使えば、顧客価値の検証に役立つ選択肢がわかる。
> ―JP Beaudry（本章の共同執筆）

　次に取り組むべき最優先のアイデアがわかったら、次は顧客価値を検証する方法を検討します。アジャイルのマインドセットの精神では、完全なアイデア（つまり大きなバッチ）を構築するのではなく、顧客フィードバックを得るためにアイデアの一部だけを構築する方法を探します。ここで、アイデアの分解とユーザーストーリーマッピングが役に立ちます。

　本章では、大きなアイデアを分解して、小さなインクリメントで実行する理由を学びます。「ストーリーマッピング」と呼ばれる簡単な形式を使うと、そのための優れたツールである理由がわかるでしょう。ストーリーマッピングの基本を理解すると、ストーリーマッピングとそこから生まれる作成物がアジャイル銀河にある他のツールとうまくなじみ、顧客価値の構築・提供の旅にも適していることがわかります。

16.1　アイデアを分解する理由

大きくて粗いビジネスアイデアの分解とは、顧客価値を持つ小さなインクリメントにスライスすることです。リーンやアジャイルの組織では、非常に重要なアクティビティです。図16-1に示すように、エンタープライズアイデアパイプラインの「洗練」ステージの核となるものです。

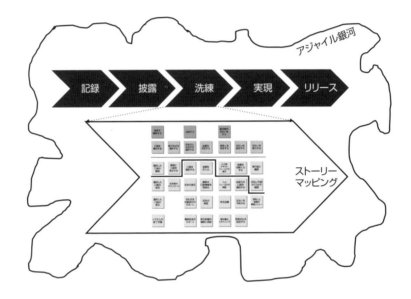

図16-1：「洗練」ステージのストーリーマッピング

大きなビジネスアイデアを段階的に市場に投入する理由はいくつもあります。大きくは「市場の理由」と「技術的な理由」の2つです。

市場の理由としては、顧客の好みやそれに対する競合製品の追従の速度がかつてないほど速くなり、さらに加速していることがあげられます。本書執筆時点では、iPhoneはまだ10歳にも達していません。信じられますか？　変化が普通である世界では、過去はもはや将来を予測するものではありません。論理的推測だけでは、顧客が採用するプロダクトやソリューションを特定できません。しかし、実験思考を適用すれば、それらを発見するのに役立ちます。

技術的な理由としては、創造的な経済に参加している企業は、同じものを2回作らないことがあげられます。何度もやり直さなければいけないときは自動化するでしょ

う。したがって、企業は基本的に新しい課題に取り組んでいます。あなたの企業もそうではないでしょうか。すると、いくつかの疑問が思いつきます。新しいプロダクトを構築する技術能力を持っていますか？ 顧客体験を満足させるスピードでそれを実現できますか？ 企業や顧客が受け入れることのできるコストで実施できますか？

アジャイルピットイン
アイデアを段階的に市場に投入する理由は、大きく2つあります。市場ニーズを理解することと、技術的課題を軽減することです。

企業のデリバリー能力を取り巻く不確実性は、市場の需要を取り巻く不確実性と同じだけ大きくなる可能性があります。この不確実性は発見的なマインドセットを必要とします。そこで重要なのが実験です。成功は保証されていないため、複数の実験をする能力が必要です。これらの実験は短期的・反復的なものですが、できるだけ多くの情報を取得できるようにすべきです。実験思考は企業にとって非常に重要です。エンタープライズアイデアパイプラインの「洗練」ステージは、大きくて粗いビジネスアイデアを小さなインクリメントに分解するところです。

16.2　ストーリーマッピングの探索

ストーリーマッピングの発案者であるジェフ・パットンは「ストーリーマップはアジャイル開発でユーザーストーリーを使用するときの大きな問題を解決します。それは、全体像を見失うことです」と言っています。彼はこの問題を「フラットバックログの悲劇」と呼んでいます。

ストーリーマップは、企業がもたらすユーザーの旅を可視化したものです。また、何を作っているのか、誰のために作っているのか、ユーザーが手にする価値は何か、ユーザーニーズを満たすための選択肢は何かといったことを誰かに伝えるための概要であり、リマインダーでもあります。ストーリーマッピングは、会話を支援・促進するものです。会話を置き換えるものではありません。

ストーリーマッピングを理解するには、簡単な例を見るといいでしょう。まずは、ステップを最初から最後まで確認してください。それから、ステップを実行する実践

的なヒントを説明しましょう。

>
> **アジャイルピットイン**
> ストーリーマッピングでインクリメントをカットすると、アイデア全体を構築する前に、アイデアの価値を判断できます。

　例として、簡単なモバイルバンキングアプリを持つ銀行を考えてみましょう。顧客は、残高を確認したり、口座間で送金したりできます。現在、銀行は請求書支払い機能をアプリに追加したいと考えています。どうすれば銀行は、投資（特にソフトウェア開発に対する投資）を制限しながら、顧客がその機能に興味を示すかを発見できるでしょうか？　ストーリーマップを使えば、選択肢が明確になります。この例は、既存の顧客体験（モバイルバンキングの体験）を強化するものですが、新しい取り組みにも同じコンセプトを適用できます。

ユーザー体験のバックボーンを視覚化する

　ストーリーマッピングの最初のステップは、ユーザー体験の流れを最も高いレベルで記述することです。ストーリーマッピングは、基本的にユーザー体験の記述にフォーカスしており、それをどう実現するかについては触れていません。言い換えれば、ストーリーマッピングは要求の定義や整理に役立てるものであり、そこから先はチームにバトンを渡して、要求をプロダクトやサービスに変換してもらいます。

　モバイルバンキングの場合、ユーザーは銀行の顧客です。ストーリーマップは、顧客が望む経験を記述します。図 16-2 に示すように、ユーザー体験の基本的な流れは、「残高を確認する」「送金する」「請求書の支払いをする」となります。こうした大きな活動はストーリーマップの「バックボーン」と呼ばれます。バックボーンはマップの上部に描かれます。

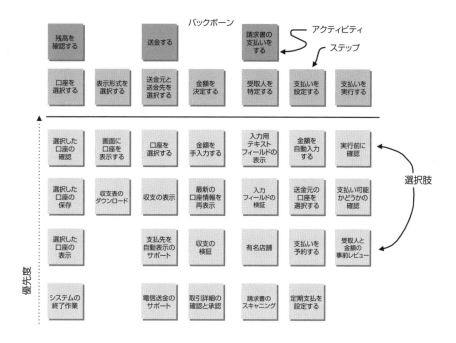

図16-2：基本的なモバイルアプリのストーリーマップ

ステップの決定

バックボーンにある大きなアクティビティごとに、ユーザーが実行するステップを特定します。たとえば、「残高を確認する」の下には、「口座を選択する」「表示形式を選択する」のステップがあります。「送金する」の下には、「送金元と送金先を選択する」「金額を決定する」のステップがあります。

「請求書の支払いをする」はどうでしょうか？　「受取人を特定する」「支払いを設定する」「支払いを実行する」のステップが想像できます。

選択肢の特定

ここまでは、非常に高いレベルでユーザー体験を記述しているため、すべてのユーザーに当てはまるものでした。ストーリーマップの次の階層は、もっと詳細になります。それぞれのステップについて、ユーザーが直面している選択肢を特定します。話を簡単にするために、これから先は「請求書の支払いをする」のバックボーンを使いますが、手順はストーリーマップ全体に適用可能です。

「受取人を特定する」ために銀行が顧客に提案できる代替案は何でしょうか？　たとえば、よく知られている店舗、クレジットカード会社、公共事業者のリストを表示する案が考えられます。そうすれば、多くの顧客の時間の節約になるでしょう。もうひとつの案としては、顧客が受取人の名前と住所を入力できる空のテキストフィールドを用意するというのが考えられます。その応用として、住所や郵便番号の入力フィールドを検証する機能を提供することも考えられます。また別の選択肢としては、受取人の情報を紙の請求書からスキャンできるようにすることも考えられます。他にも選択肢はいろいろと考えられます。これらの選択肢は、ストーリーマップのアクティビティの下に記載しておきます。

このステップは、選択肢について判断しない発散的な時間です。価値、コスト、実現可能性、完全性、競争力のあるポジショニング、戦略との合致についても考える必要はありません。あとで収束のときに考えればいいでしょう。今は選択肢だけを考えてください。誰も会話を支配することなく、すべての選択肢が出てくるように、黙って発散しましょう。

アジャイルピットイン

ストーリーマッピングの手順には、バックボーンの視覚化、ステップの決定、選択肢の特定、選択肢の優先順位付け、インクリメントのカットがあります。

では、ストーリーマップにある「支払いを設定する」を具体化していきましょう。1つの選択肢として「金額を入力する」があります。もうひとつの方法として「送金元の口座を選択する」があります。ここではできるだけ多くの選択肢を特定します。別の選択肢として「支払いを予約する」があります。「定期支払いを設定する」も考えられます。選択肢を制限できるのはあなたの想像力だけです。

最後に「支払いを実行する」の選択肢としては、「即時支払い」「支払い可能かどうかを確認する」「受取人と金額の事前レビュー」などが考えられます。

オプションの優先順位付け

次のステップは、各アクティビティの選択肢に優先順位を付けることです。これは収束的な時間です。アイデアの価値を検証するために、顧客フィードバックを取得で

きる選択肢や、技術的な実現可能性を判断するのに役立つ選択肢を探します。

　優先順位付けの基準は文脈に依存しますが、顧客価値は常に重要な役割を果たします。その他の基準には、リスクや緊急性などがあります。想像できるでしょうが、それぞれの基準には緊張関係があります。「ストーリーマッピングの実践的なヒント」では緊張関係の対処法を説明しています。

インクリメントのカット

　今から質問に答えてください。ストーリーマップのアクティビティのなかで、最初に顧客に届ける選択肢はどれですか？　大きな可能性のある選択肢や、顧客が価値があると認めるかどうかわからない不確実性の高い選択肢については、できるだけすぐに提供したいと思うかもしれません。ですが、すべての選択肢を同時に提供しようとするのは、典型的な大きなバッチのアプローチです。

　対処法は簡単です。ストーリーマップの選択肢に横線を引けばいいのです。線より上にあるものは、すべて次のインクリメントの対象となります。線より下にあるものは、すべてあとまわしです。

　線より上にある選択肢では、苦労と魔法が発生します。すべての機能を同時にリリースするウォーターフォール型の開発では、あらゆるものを線の上に置きます。しかし、アジャイルエンタープライズには、顧客に価値をできるだけ早く届けるという試みがあります。私たちは知識の限界を認識しています。顧客が手にするまで顧客価値は検証できません。したがって、本当の質問は、線の上に何を移動するのか、なぜ移動するのかです。

　銀行の意思決定のようすを見てみましょう。顧客がオンライン決済機能を望んでいるかどうかが不明な場合は、顧客の好みを示す最も簡単で安価なものを市場に出すことが重要です。結局、プロダクト開発のキャパシティは有限ですが、銀行にはそれを超えるアイデアがあるのです。

　プロダクトオーナー、チーム、主要ステークホルダーが協議した結果、最も簡単な実装を検討することになりました。これには、「画面で口座を選択する」「受取人の情報をテキストフィールドに入力する」「金額を自動入力する」「実行前に確認する」が含まれました。図16-3に示すように、これらの選択肢を線の上に、それ以外を線の下に移動しました。

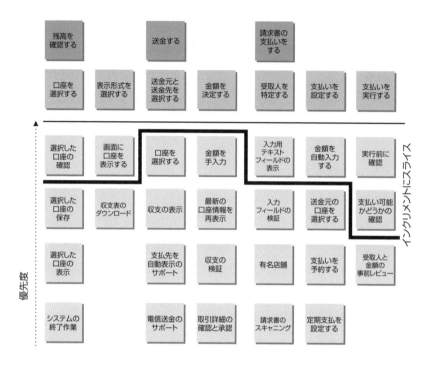

図16-3：モバイルバンキングアプリのインクリメントをカットする

　大きなアイデアを薄いインクリメントにスライスすることに対する反対意見として、インクリメントにはすべての顧客を満足させる機能が不十分である、というものがあります。インクリメントの目的は、すべての顧客を満足させるものではありません。むしろ有益だと感じる顧客がいるかどうかを確認するものです。たとえば、アーリーアダプターであるジェネレーションYのデイヴィッドが、オンライン請求機能が有益でないと感じていることが明らかになれば、大量の鐘や笛を鳴らしても大衆を引きつけられない可能性があります。インクリメントを最小化することについては、「顧客採用曲線」やエリック・リースの『リーン・スタートアップ』にある「実用最小限の製品（MVP）」を調べてみるといいでしょう。さまざまな理由に応じて、さまざまなインクリメントが作られます。その理由（プリズムと呼ばれます）については、あとで説明します。

16.3　生きているストーリーマップ

　ストーリーマップを作成し、インクリメントをスライスしました。では、ここから何をすればいいのでしょうか？　まずは、ストーリーマップを使用して、定義したインクリメントを追跡します。多くの場合、インクリメントを実装するまでに、数週間あるいは数スプリントかかります。この間にストーリーマップに「TODO」「WIP（着手中）」「DONE」を示しておきます（図16-4）。これらの選択肢は、要求ツリーに直接関連付けられ、複雑さにもとづいて1つ以上のエピックやユーザーストーリーとなり、対応するプロダクトやチームのバックログに配置されます。

図16-4：ストーリーマップで進捗を示す

　チームがインクリメントを動作するプロダクトに変換するために必要なことを発見したり、市場からのフィードバックを入手したりしたときは、それに応じてストーリーマップを更新しましょう。インクリメントの実現には数スプリントかかるため、デモの途中で顧客が気に入ってないことがわかり、残りのインクリメントに着手する必要がなくなるかもしれません。一方、顧客が気に入ってくれれば、アイデアの価値を検証できます。その間にも、ストーリーマップを修正しながら、新しい選択肢を思いついたり、既存の選択肢を再定義したり、インクリメントの取捨選択のために新しい意思決定をしたりすることになるでしょう。

> **ストーリーマッピングのエクササイズ**
> 次は、あなたがストーリーマッピングをやる番です。銀行からモバイルペイメントアプリの構造化を依頼されたとしましょう。顧客の50%は高齢者です。ペルソナとして高齢者のエリンを想定して、どのようにインクリメントを切り出しますか？　選択肢はどのようになりますか？　どこから着手するでしょうか？

16.4　6つのプリズム

インクリメントを切り出す方法を検討するときに、Emergnが「Deliver Early and Often」で説明している「6つのプリズム」というテクニックが使えます。6つのプリズムには「価値」「地理」「リスク」「ステークホルダー」「緊急性」「必要性」が含まれます。それぞれがストーリーマップを見るためのレンズです。詳しく説明しましょう。

「価値」は、顧客にとって最も価値があるかどうかを考えさせます。すべてを提供するまで待つのではなく、価値の高いものから提供していきます。銀行の例では、このプリズムを使用していました。第12章で説明した遅延コストなどのツールは、価値を明確化するのに役立ちます。

「地理」は、プロダクトが1つの市場だけでローンチできるかを考えさせます。世界展開しているECベンダーは、このプリズムを使って価値を発見しています。たとえば、銀行が英語とスペイン語のアプリを運用している場合、片方の言語だけを市場に投入することになるでしょう。オンライン請求書支払いがビジネスになるかどうかの確信が得られるまで、もうひとつの言語に翻訳する費用を遅延させることができるのです。

アジャイルピットイン
6プリズムを使用すると、「価値」「地理」「リスク」「ステークホルダー」「緊急性」「必要性」を考慮しながら、さまざまな方法でインクリメントをカットできます。

「リスク」は、プロジェクトの最大のリスクや重要な前提が何かを考えさせます。このプリズムを適用するのは、最初に取り組むつもりがあるということです。たとえば、銀行がこれまで付き合いのない業者に開発を外注するとなると、その関係のリスクは高くなります。最初の成果物を小さくすれば、リスクの軽減につながります。業者のスキルを可能な限り低いコストで評価できるからです。一般的には、概念実証がこのプリズムの具体的な形式になります。

「ステークホルダー」は、意見がデリバリーに大きな影響を与える関係者について考えさせます。これは、ペルソナで表現した顧客になる可能性もあります。あるいは、アイデアに投資するエグゼクティブなどの社内のステークホルダーになる可能性もあ

ります。なお、ペルソナについては、第14章で説明しました。

「緊急性」は、外部の重要な期限を認識させてくれます。たとえば、競合他社がモバイルアプリをリリースしたことで、請求書支払い機能の一部を早急に市場に投入することになったことはありませんか？ 機能を前倒しで用意しなければいけない、クリスマスのような季節的な理由はありますか？ あまり役に立たないものかもしれませんが、社内の期限にも注意しておきましょう。

「必要性」は、最小限のことを考えさせます。最小限を考えなければ、うまくビジネスはできないでしょう。たとえば、顧客が銀行に支払いを依頼するテキストメッセージを送り、窓口が代わりに処理することも考えられます。これが最も原始的な「モバイル版の請求書の支払い」の実現方法です。また、規制の期限超過による罰金を回避するために、必要十分なものを構築するときにも役立ちます。

ストーリーマッピングの実践的なヒント

ストーリーマッピングには、始めるためのヒントがあります。得られる価値を最大限に高めるために、いくつか紹介しましょう。

整流化
　ストーリーマップは思考をフォーカスするためのモデルです。アプリケーションのすべての意図を表すものではありません。プロセスの分岐は気にせずに、直列化しましょう。

ペルソナ
　ストーリーマップは顧客の観点から書かれていますが、アイデアには複数のユーザータイプが存在することがあります。問題ありません。ペルソナの変化に注目しながら、さまざまな流れを1つにまとめてください。ペルソナについては第14章で説明しています。

ジャストインタイム
　インクリメントを事前にスライスしないようにしましょう。作業のキャパシティが生まれるまで、2つ目のインクリメントは不要です。早すぎるスライスは、計画書の作成と同じです。人間は自分が作った計画が好きなので、フィードバックを受けて計画を変更することができなくなります（確証バイ

アスと呼ばれるものです）。

みんなで作成（モブクリエーション）

ステークホルダーの合意を得るには、みんなにストーリーマップの作成に参加してもらうことです。さまざまな人に参加してもらえれば、あらゆる分野の専門家をそろえることができます。参加していない人から「なぜ私に相談しなかったの？」と言われることもありません。これは非常に重要です。人間は誰かに伝えられたアイデアよりも、一緒に作成したアイデアに帰属意識を持つからです。

発散してから収束する

多くのグループ演習と同じように、ストーリーマップ作成中の意見をすべて聞きたいものです。最初にマップを作るときは、10分間、黙々と発散を行います。マップの作成はファシリテーターがガイドします。みんな黙って付箋紙やデジタルツールを使って、マップのバックボーン、フローステップ、アクティビティの選択肢について、アイデアを書いていきます。それが終わったら、類似度で整理し、重複を取り除く、収束の時間をとります。

生きているドキュメント

インクリメントを提供したあとに、顧客フィードバックを収集する必要があります。資金を提供した人たちは、これらのフィードバックをレビューして、今後の開発への投資に影響を与えるものかを確認する必要があります。ストーリーマップは、現在の作業状況を反映する必要があります。

公開

簡単にアクセスできる場所にストーリーマップを掲示しましょう。仕事の透明性を生み出し、チームが何にフォーカスしているかを他人に知らせることができます。また、計画、グルーミング、スクラムオブスクラム、デモ、レビューなど、さまざまなイベントを開催する背景を作り出します。

シンプル

ジェフ・パットンは「中央から」マップを作り、アクティビティやバックボーンのステップが自然と生まれてくるようにすることを勧めています。大きなアクティビティは下位のステップの要約になります。小さなマップであれば、この区別にあまり意味はないかもしれません。見やすくなるときだけ、複雑

になっても構いません。

価値の仮説

最後になりますが、おそらく最も重要なのは、インクリメントの価値の仮説を明確にすることです。ストーリーマップを作成するときは、アイデアの仮説とキャンバスやアイデアパイプラインの詳細を確認します。仮説が存在しない場合は、仮説を立てます。仮説については第13章を参照してください。次に、スライスしたインクリメントが望ましい成果をもたらす可能性があるかどうか、シグナルを計測する準備ができているかどうかを確認しましょう。

16.5　ストーリーマッピングで優れたストーリーができるのか?

大きなアイデアを小さなインクリメントに分解することで、創造的な仕事に内在する不確実性を理解することができます。有益なインクリメントは、顧客価値を検証するものです。できるだけ小さくすれば、すばやく検証できます。顧客フィードバックを取り入れることで、大きなアイデアの価値を取り巻く不確実性を軽減できます。

ストーリーマッピングは、顧客価値の仮説とそれを支える前提を検証するのに役立ちます。会話中にペルソナを思い出すと役に立つはずです。アイデアの対象を理解すれば、顧客体験や実験を強化するフィードバックループのタイプの特定に役立ちます。関係者全員に協力してもらえれば、アジャイルの協調的なマインドセットが明らかになります。

ストーリーマッピングを探索してみてください。企業が次に顧客に価値を提供するアイデアはどれですか? 価値を提供したり重要な仮説を早期にテストしたりするために、ストーリーマップをどのように適用できますか?

16.6　参考文献

- "VFQ Delivery Early and Often" by Emergn Limited, Emergn Limited Publishing, 2014
- "User Story Mapping: Discover the Whole Story, Build the Right Product" by Jeff Patton, O'Reilly Media, 2014（邦訳『ユーザーストーリーマッピン

グ』オライリー・ジャパン）

- "The Lean Startup: How Today's Entrepreneurs Use Continuous Innovation to Create Radically Successful Businesses" by Eric Ries, Crown Business, 2011（邦訳『リーン・スタートアップ』日経BP社）

第17章
アイデアパイプラインを
バックログに接続する

> 上部のアイデアを下部のユーザーストーリーにつなげると、仕事の大きな全体像を見ることができる。
>
> —Mario Moreira

　みんなに全体像を理解してもらうには、企業のある部分と他の部分を結ぶ（ドットをつなげる）能力が必要です。ただし、企業には公開されたキャンバスがないので、現在動いている部分や要求ツリーを一覧にすることができず、言うほど簡単なことではないかもしれません。

　必要なのはドットをつなげる人と仕組みです。人については、思想家・革新者・指導者が必要です。世界を見渡す大きな視点と、企業を前進させる小さな（それでいて重要な）詳細の両方を把握できる人たちです。

　組織のドットをつなげることは簡単ではありません。全体像と詳細の両方を見るだけでなく、関係者全員が問題と情報の依存関係を把握して、パターンや傾向を発見する必要があります。さらに深く問題の根本原因を特定し、他の領域の類似した根本原因と結び付ける必要があります。

　人、プロセス、技術などを使いながらドットをつなげることで、仕事の部品がどのように結合しているのか、仕事の流れを最適化するために何ができるのかを理解し、

確実に顧客価値に取り組めるようになります。プロセスや技術の仕組みは、取り組む価値のある（チームのバックログに入る）アイデアを接続するのに役立ちます。

17.1　バックログの接続

仕事はいくつかの情報源からバックログに入ってきます。主な情報源は、インクリメントや顧客フィードバックです。第16章では、分解の概念とストーリーマッピングを説明しました。ストーリーマッピングの開始時には、結果がわかっていません。発散モードで全員に耳を傾け、ドットをつなぎ、インクリメントに収束させていきます。

アジャイルピットイン
エンタープライズアイデアパイプラインのアイデアとバックログにある子たち（エピックやユーザーストーリー）を相互に接続すると、ポートフォリオレベルからチームレベルまでの価値の流れとトレーサビリティを確保できます。

ストーリーマッピングでは、多くのストーリーテリングが行われます。そのなかで、顧客がアイデアを体験するときの物語を検討します。ストーリーテリングをみんなで実施するときには、参加者に複数の選択肢を問いかけ、ドットをつなげて、意味のあるスライスにしていきます。

アイデアとユーザーストーリーをドットでつなげるときの課題は、アイデアには最初から複数の選択肢や方向性があるということです。ストーリーマッピングのセッションの途中では、どのように終了するかはわかりません。ですが、この不確実性に慣れることが重要です。最終結果は、バックログに追加するエピックとユーザーストーリーになります。

図17-1に示すように、エンタープライズアイデアパイプラインのアイデアをバックログにある子たち（エピックやユーザーストーリー）と相互に接続することが重要です。アイデアを結び付けることで、ポートフォリオレベルからチームレベルまでの顧客価値の流れとアイデアからユーザーストーリーやタスクまでのトレーサビリティを確保できます。

バックログは、要求ツリーのすべてのレベルの要素をサポートするものです。フィルターやタグを使用することで、すべてのアイデア（または最も価値の高いアイデア）のポートフォリオビュー、アイデアやプロダクトのビュー、チームビューなど、あら

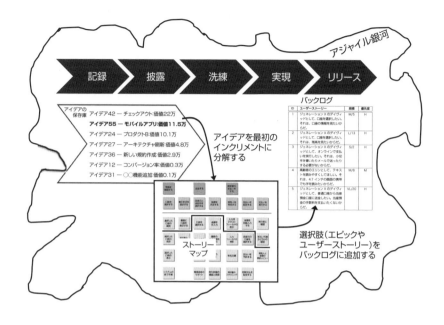

図17-1：エンタープライズアイデアパイプラインにあるアイデアをユーザーストーリーに接続する

ゆるレベルの要求を視覚化できます。強調したいのは、アイデアのどの部分が実際に作業されているかです。アクティブなアイデアをクリックすると、すぐにそれに対応するユーザーストーリーを確認できると素晴らしいです。

17.2　バックログの使用

　バックログは優先順位を付けた作業のリストです。アジャイルのチームは「プロダクトバックログ」と呼びますが、他の名前が使われることもあります。バックログは単体で使うこともできますが、最上位のエンタープライズアイデアパイプラインから最下位の保守バックログまでを連携させて使うことをお勧めします。

　バックログを所有するのはプロダクトオーナーです。要求を収集・管理するツールとして、バックログを使用します。透明性と効率性の理由から、バックログが要求の単一の情報源になっていなければいけません。PO は、作業項目をバックログに追加したり、選択した手法を使って、価値ベースで優先順位を付けたりします。

　チームは継続的にバックログにアクセスする必要があります。自己組織化の精神で、誰もがバックログのエピック、ユーザーストーリー、タスクに貢献することができま

す。ただし、作業の優先順位を決めることができるのはPOだけです。チームは、エピック、ユーザーストーリー、タスクに対して、詳細を追記する編集権を持っている必要があります。

バックログを見ると、何が見えますか？　どれくらい深いですか？　バックログに優先順位が付けられていると、最も重要な要求が最も上位にあるはずです（図17-2）。これがチームがスプリントで手がけている、あるいはバックログからプルしたばかりの「現在の仕事」になります。次に優先順位が高い要素は「可能性のある次の仕事」になります。「可能性のある」と言ったのは、アジャイルのマインドセットを適用すると、要求は固定されずに常に変化する可能性があるからです。他にも「可能性のある未来の仕事」と「できないかもしれない仕事」があります。

図17-2：プロダクトバックログの氷山

17.3　バックログの種類

バックログにはさまざまな形式があります。カンバンボードやスクラムボードの形式にすることもできます。従来、バックログはチームと連携するものであり、「プロダクトバックログ」や「チームバックログ」と呼ばれていました。これらのバックログには、エピック、ユーザーストーリー、タスクが含まれています。アジャイルチーム

は、バックログを使って作業を進めます。バックログは優先順位付けされています。以下にバックログの例をあげましょう。

アジャイルピットイン
バックログは、カンバンボードやスクラムボードなどの形式があり、「エンタープライズアイデアパイプライン」「プロダクトバックログ」「スプリントバックログ」「チームバックログ」と呼ばれます。

「エンタープライズアイデアパイプライン」もバックログの一種です。他との違いは、企業に入ってきたアイデアのポートフォリオにフォーカスしているところと、「記録」ステージから「回顧」ステージまでの進捗を追跡しているところです。価値のステークホルダー（プロダクトオーナー、チーフプロダクトオーナー、ビジネス、マーケティング、シニアマネージャー）は、このバックログを使って、価値の優先順位を付け、投資判断を下します。

「プロダクトバックログ」は、プロダクト、サービス、アイデアを中心とする作業のバックログです。POが所有します。誰もが項目を追加できますが、優先順位を付けることができるのはPOだけです。アイデアを分解したものは、プロダクトに関係があるのであれば、プロダクトバックログに置きます。そこから詳細を追加するなどして、作業のことを理解していきます。プロダクトバックログの最上位にあるユーザーストーリーは、優先順位が高く、すぐに着手できる準備が整っています。

「スプリントバックログ」は、スプリントに収まる作業のバックログです。優先順位の高いユーザーストーリーのサブセットであり、スプリントで着手するものとなります。優先順位が高く、チームのベロシティや作業量に適しており、スプリント期間内に完成するストーリーを集めたものが、スプリントバックログになります。スプリントバックログはスプリントごとに作られます。スプリントバックログの項目は、スプリントプランニングでプロダクトバックログから持ってきます。スプリントバックログは、スプリントの作業のバックボーンとなります。

「チームバックログ」は、チームのための作業のバックログです。複数のスクラムチームでプロダクトを構築しているときや、チームが1つのプロダクトに特化していないときに便利です。チームバックログは、特定のチームの作業を表しています。グルーミングとスプリントプランニングでは、優先順位の付いたバックログをチームで

洗練します。そこから、スプリントで着手する優先順位の高いストーリーを含めたスプリントバックログを構築します。

アジャイルピットイン
ストーリーマップは、2次元のバックログを3次元にしたもので、作業の顧客体験のビューを事前に提供します。

第16章で説明したストーリーマップはバックログではありませんが、バックログと同じように現在と将来の作業のビューを提供します。さらに重要なのは、ストーリーマップは作業の顧客体験のビューを事前に提供することにより、バックログを3次元にできることです。アイデアをストーリーマップからバックログにつなげることもストーリーマッピングでは重要です。ストーリーマップをアイデア検討の時点から使った場合は、追加のインクリメントを検討する際も、エピックを新たに選択肢に加える際も、ユーザーストーリーを作成してバックログに貼る際も、常にストーリーマップを更新し、最新状態を維持します。

17.4　バックログの属性

　バックログの美しさは、それがエンタープライズアイデアパイプラインだったとしても、プロダクトバックログだったとしても、属性を追加して要求を並び替えたり、理解しやすくしたりできることです。属性は要求を区別するためのものです。たとえば、優先順位も属性です。要求の重要度を考えるための属性を追加することで、重要度に応じて並び替えることができ、優先順位の高い要求にフォーカスできます。
　表17-1は、単純なバックログを示しています。ID番号、ユーザーストーリー、規模、優先度、情報源、進捗状況、所有者が含まれています。紙のバックログを作って壁に貼る人もいますが、さまざまな機能を備えたオンラインツールを使う人がほとんどです。
　仕事を管理するためにバックログに含めることができる属性には、さまざまなものがあります。いくつか紹介しましょう。

表17-1：バックログの例

ID	ユーザーストーリー	規模	優先度	情報源	進捗	所有者
1	ジェネレーションXのデイヴィッドとして、口座を選択したい。それは、口座の情報を見たいからだ。	M/5	H	顧客A	スプリント1 ― 完成	ラヴィとクレア
2	ジェネレーションXのデイヴィッドとして、口座を選択したい。それは、残高を見たいからだ。	L/13	H	顧客C	スプリント1 ― 完成	ジュリアとマイク
3	ジェネレーションXのデイヴィッドとして、オンラインで支払いを実行したい。それは、小切手を書いたりメールで送ったりする必要がないからだ。	S/2	H	顧客A、B、C	スプリント2 ― 進行中	クリスとアレックス
4	高齢者のエリンとして、テキストを読みやすくしてほしい。それは、4.7インチの画面の携帯でも字を読みたいからだ。	M/8	M	戦略	あとでやる	
5	ジェネレーションXのデイヴィッドとして、普通口座から当座預金口座に送金したい。当座預金の手数料を支払いたくないからだ。	VL/20	H	顧客B	スプリント2 ― 進行中	スターチとショーン

- 要求の種類：アイデア、インクリメント、エピック、テーマ、ユーザーストーリー、タスク、欠陥などの種類を区別するもの。
- ID番号：要求ごとに固有の識別子を提供するもの。
- ユーザーストーリー：誰が必要としているのか（ペルソナ）、何を必要としているのか、なぜ必要としているのか。
- 詳細：グルーミングやプランニングの意思決定のときに学んだ情報。
- 受け入れ基準：ユーザーストーリーレベルで要求を満たす条件。
- 情報源：要求の源（顧客、ステークホルダー、戦略など）。
- 優先度：「低（L）/中（M）/高（H）」やMoSCoW（絶対に必要なもの/あるべきもの/あるとよいもの/必要ないもの）で要求の重要度を区別したもの。
- 規模：ストーリーポイント（たとえば、1/2/3/5/8/13/20）で要求の作業量を示したもの。
- 複雑度：作業の要素とリスクを「低（L）/中（M）/高（H）」で表したもの。

作業の規模に影響を与えることがある。
- 依存関係：他の要因や外部要因に対する依存を示すもの。
- 進捗：作業の現在の状態を示すもの。項目の履歴を含めることもできる。
- 所有者：自発的に作業を担当するチームメンバー。

> **Note バックログの属性のエクササイズ**
> 新規にバックログを作成するか、現在のバックログをふりかえってみてください。要求を並び替えて整理するのに役立つ属性はありますか？ 項目は違うでしょうが、表17-1のようなバックログになるでしょう。そこに実際の要求を追加してみてください。それを誰かに説明してみましょう。その人は属性を変更してくれるでしょうか？

17.5 依存関係の検討

依存関係の管理は、企業を経営する上で非常に重要です。要求の管理は、そのほとんどが依存関係を管理する活動です。ある作業を完了させるために、必要となる作業がいくつもあります。一連の作業を完了させるために、別の作業が必要になることもあります。

依存関係のある価値の低い作業に注意してください。顧客価値の高いユーザーストーリーを次に着手すべくグルーミングしていると、価値の低い作業を先に終わらせなければいけないことが判明することがあります。この場合、価値の低い作業も価値が高いとするか、価値の低い作業のまま依存関係のリンクを作成するかのいずれかになるでしょう。

17.6 グルーミングの重要性

グルーミングやリファインメントは、ユーザーストーリーを磨いて詳細なレベルに仕立て、スプリントプランニングの準備をするプロセスです。技術的な詳細についても議論しますが、なぜそのエピックやユーザーストーリーが必要なのかといったビジネスの詳細について、顧客価値の観点から議論します。それが必要である理由とビジネスの状況を強く理解すれば、チームは顧客ニーズをサポートするために、その文脈に適した技術的な意思決定ができます。ストーリーマップやアイデアが適切に記述さ

れていれば、そこからビジネスの文脈や理由がわかることもあります。

グルーミングには多くの利点があります。通常は要求に取り掛かる前に行うため、作業を「潜り込ませて」リスクを軽減します。また、POが未解決の問題に対応できるようにしたり、作業の方向性を示したりします。

グルーミングでは、優先順位の高い作業にフォーカスすべきです。それは、価値の高い作業に労力をかけるべきであり、手を付けない価値の低い作業で時間をムダにすべきではない、という簡単な理由からです。

アジャイルピットイン
バックログのグルーミングでは、ユーザーストーリーの優先順位付けと並び替えを行い、優先順位の高いユーザーストーリーのビジネスと技術の詳細を把握します。

グルーミングの主な責任者はPOです。POがチーム全員を招待します。マーケティングやビジネスリーダーなど、ビジネスの文脈を知る人たちも招待する必要があります。最も重要なのは、チームが具体的な情報や受け入れ基準について、POに厳しい質問をすることです。

グルーミングはどのようなようすになるでしょうか？ ユーザーストーリーを優先順位の上から順番にレビューしていくと、数時間かかることもあります。それぞれのストーリーについては、5～10分ほど集中できるでしょう。ビジネスの理由を理解するところから始めて、作業を理解することが目的です。バックログにある優先順位の高い項目をうまくグルーミングしておけば、スプリントプランニングが簡単になり、時間も短くなります。

グルーミングでは、エピックをユーザーストーリーに分割したり、ユーザーストーリーを標準書式（あるいは定義済みの書式）に書き直したり、ビジネスの詳細や技術的な詳細を加えたり、依存関係を特定したり、受け入れ基準を理解したり、未知のことやリスクを特定したり、スコープ外のことを見つけたり、規模を把握したり（Tシャツサイズやストーリーポイントを使用）することも可能です。最後に、スプリントプランニングや作業着手の準備が整ったものについては、印をつけても構いません。

17.7　作業がうまくつながっているか?

　顧客価値の高い仕事の全体像を従業員が把握できるようにするには、あらゆるところからやってくるアイデアをユーザーストーリーやタスクとして、ドットのようにつなげる能力が必要です。しかし、企業には要求ツリーを一覧できるような全体像が明らかにされていないため、ドットをつなげるのは簡単なことではないでしょう。

　要求の「ドットをつなげる」ために必要な人材、プロセス、技術はそろっていますか? 顧客価値の高いアイデアから着手できていますか? ユーザーストーリーでアイデアのインクリメントを構築できていますか? アイデアをユーザーストーリーに接続すれば、作業に透明性がもたらされ、どの作業に注目しているのかが明確になり、価値の高いアイデアに結び付いたユーザーストーリーに着手していることがわかります。

第18章
ユーザーストーリーで協力する

> ユーザーストーリーは書くだけのものではない。要求に関する継続的な会話の約束である。
>
> —Mario Moreira

　本章のタイトルを「ユーザーストーリーの書き方」にしようと考えていましたが、ユーザーストーリーは書くだけのものではないと思い直しました。ユーザーストーリーには、プロダクトオーナー、チーム、顧客、その他の関係者のコラボレーションが必要です。ストーリーの背景にあるビジネスの意味を伝えるのです。また、ユーザーストーリーは書くだけのものではなく、要求に関する継続的な会話の約束であることを強調します。

18.1　会話の約束

　ユーザーストーリーは、構築後にデモするユーザー機能の一部です。ユーザーストーリーには前後の人生があります。AD（紀元後）とBCE（紀元前）という時間的概念があるように、ユーザーストーリーにもADとBCEがあります。BCEはユーザーストーリーに書かれるまでのアイデアや問題の旅を指し、ADは実際のプロダクトやサービスに発展するまでの旅を指します。どちらの旅も顧客フィードバックを考慮し

た協力的なものでなければいけません。これまでの章では、アイデアをユーザーストーリーに変えるまでのコラボレーションについて説明してきました。

アイデアを分割するストーリーマッピングなどのプラクティスでユーザーストーリーやエピックを特定できたら、実際にユーザーストーリーを書き始めましょう。その後、書いたユーザーストーリーをみんなで理解するために、協力的なプロセスが続きます。つまり、ユーザーストーリーや要求は、継続的な会話の約束なのです。

会話の約束という概念は「要求を壁越しに投げる」ことを避けるものです。ユーザーストーリーを理解する本当の価値は、途中の協力的な会話にあります。「要求を壁越しに投げる」とは、図18-1が示すように、要求を書き終えたグループが、ほとんど議論することもなく、それを実装するグループに投げ渡すことです。

図18-1：要求を壁越しに投げる

それよりも手堅いアプローチは、構築する人たちも分解やグルーミングのプロセスに巻き込んで、一緒に要求を具体化していくことです（図18-2）。情報に直接触れたり共有したりすることで、チームは成果を顧客価値に結び付けやすくなるという利点があります。これはそのしたことを認識するマインドセットの変化です。ストーリーマッピングやアイデアの分解にチームメンバーが関わることにより、顧客体験の洞察

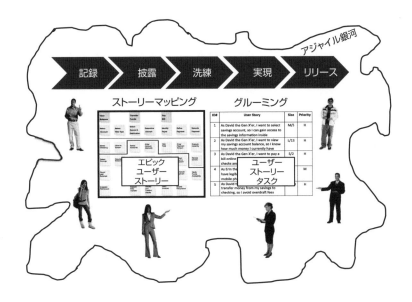

図18-2：協力的な会話で要求にアプローチする

やアイデアが端から端まで流れるように薄くスライスする方法がわかります。

　ストーリーマッピングの最初のインクリメントからエピックやユーザーストーリーが見えるようになると、第17章で説明したように、エピックやユーザーストーリーの洗練が可能になります。事前に作業を理解するために、スプリントプランニングや次のレベルの計画でも洗練を続けるべきです。チーム全体の脳力を活用するコラボレーションプロセスによって、各チームメンバーが要求の理解に貢献できるようになり、顧客ニーズにもとづいた動作するソリューションを形成できます。

18.2　チームとの共同作業

　アジャイルの世界では、要求を書き留めることで、ビジネスとエンジニアリングが協力的に会話できるようになります。POとチームの会話、顧客とテスターの会話などがありますが、重要なのは、お互いの理解を共有して、それを継続することです。こうした議論により、エンジニアリング側が要求の顧客価値を理解し、ビジネス側が顧客ニーズの選択肢を理解することになり、両方にとっての学習となります。

　協力的な会話は企業内にとどまりません。第14章で説明したように、顧客フィードバックループもコラボレーションになります。社内的には、顧客ニーズを理解する

>
> **アジャイルピットイン**
> 協力的な会話には、アイデアを実現する社内の人たちと、フィードバックを提供する社外の人たちが含まれます。

健全な会話によって、アイデアを実現することにフォーカスします。社外的には、顧客を巻き込んで重要なフィードバックを入手し、顧客価値の方向に進んでいるかどうかを判断します。

ユーザーストーリーマッピングやグルーミングにチームから何人が参加すべきかについては議論があります。私の答えは常に「全員」です。ユーザーストーリーのグルーミングは、チームで行うべきものです。チーム全体で行っておけば、あとから情報共有する必要がなくなります。ストーリーマッピングに10人以上が関わる場合は、段階的に行うといいでしょう。参加者全員に積極的に関わってもらうためです。グルーミングとスプリントプランニングでは、チーム全体のコラボレーションにより、深い理解が得られ、全員の脳力を活用することができます。

18.3　要求ツリーの上位の枝

ユーザーストーリーは要求の一種です。「要求」という言葉は、ユーザーからの要望、技術要件、ビジネスの目標など、さまざまなレベルや規模を示す可能性があります。混乱が生じる可能性があるため、第15章で紹介した要求ツリーを意識する必要があるでしょう。スコープと規模によって、階層のどこに要求を入れるかを決める必要があります。図18-3は、企業戦略から始まり、アイデア、インクリメント、エピック、ユーザーストーリー、タスクといったレベルを持つ要求ツリーに含まれたユーザーストーリーを示しています。

本章では、ユーザーストーリーに分解されたアイデアの旅を続けるため、新しいアイデアの構築に関連するエピック、ユーザーストーリー、タスクについて、詳細な定義をしていきましょう。

図18-3：要求ツリーの上位の枝

　「エピック」とは、ユーザーストーリーの親であり、複数の機能をカプセル化した機能、フィーチャー、ユーザーストーリーに相当します。通常、エピックはPOが書きますが、ステークホルダーが書いても構いません。ストーリーマッピングなどの結果から持ってくることもあります。スプリントに入れる前にユーザーストーリーに分解する必要があります。

　「ユーザーストーリー」は、ビジネスやユーザーからの要求であり、POが収集・管理するものです。ユーザーストーリーは、顧客価値を表すユーザーの機能を提供します。複合的なものではなく、それぞれが独立しています。また、1人のペルソナを持つべきです。ユーザーストーリーはスプリント期間内に構築できるものでなければいけません。次のセクションでは、ユーザーストーリーの詳細を説明します。

　「タスク」は、ユーザーストーリーの子であり、非常に小さな作業単位です。チームがユーザーストーリーを段階的に分解したものです。タスクの目的は、少しずつストーリーを構築・テストできるようにすることです。そうすれば、最後にまとめてテストする必要がありません。ユーザーストーリーを分解して、ミニウォーターフォール型の設計・開発・テストにしないでください。ユーザーストーリーのタスクは、段

階的に相互に構築していくものです。たとえば、検索機能のユーザーストーリー（例：「ユーザーとして、利用可能な住宅ローンを検索したい。それは、最も安いものを見つけたいからだ」）は、以下のように分解できます。

- 結果を表示する静的なウェブページを作成する
- 利用可能な住宅ローン会社を検索する機能を構築する
- 金利で検索できる機能を追加する

　他にもバックログに取り込むべき作業項目があります。以前のエクストリームプログラミングでは「スパイクソリューション」が提唱されていました。これは、技術、アーキテクチャ、設計に関する困難な問題を集中的に解決するというものです。重要なビジネス課題や技術的な問題の調査は「リサーチスパイク」と呼ばれます。たとえば、「チームが使うべきデータベースは？」「フォーラムを導入する際のプロダクトの方向性は？」といった質問に答えます。こうした答えが、その後のエピックやユーザーストーリーに役立つのです。

18.4　ユーザーストーリー

　アジャイルの文脈では、ユーザーストーリーはチームが何を構築すべきかを決める主要通貨です。ユーザーストーリーには、顧客やユーザー（ペルソナ）に価値のある機能を記述します。ユーザーストーリーは、グルーミングやスプリントプランニングで議論するトピックです。ユーザーストーリーの目的は、あらゆるニーズの詳細を特定することではなく、健全で協力的な会話を成立させるために、ビジネスと技術の十分な詳細を提供することです。

アジャイルピットイン
ユーザーストーリーは、構築すべき機能の基本構成要素です。チームが顧客価値を理解するための主要通貨です。

　プロダクトオーナーは、顧客やステークホルダーからユーザーストーリーを引き出

し、ストーリーマッピングなどの分解手法で特定することに責任を持ちます。ただし、チーム、営業、マーケティングの人たちも、POのためにユーザーストーリーに貢献できます。POは、ユーザーストーリーを収集してバックログに追加します。バックログで優先順位の高いユーザーストーリーは、スプリントで構築するために選択されるか、次に引き取られることになります。このようにするのは、ユーザーストーリーの機能をスプリントや1週間程度のタイムボックスで構築するためです。

ユーザーストーリーの標準書式

　ユーザーストーリーの書式にはさまざまなものがあります。「標準書式」は、アジャイルと顧客価値に合わせた要求の言語構成要素です。「誰」が「何」を「なぜ」必要としているかを簡単に記述します。アジャイルに限らず、他の手法やプロセスでも使用できます。標準書式には3つの重要な要素があります。「ペルソナ」「アクション」「ビジネスメリット」です。

　「ペルソナ」は特定のユーザーを表しています。ペルソナについては、第14章で説明しました。たとえば、基本的なインターフェイスやタスクを求める高齢者のエリン、複雑なインターフェイスや洗練されたタスクを求めるジェネレーションXのサニー、技術に精通してるがニーズは単純なジェネレーションYのデイヴィッドがそうです。

アジャイルピットイン
ユーザーストーリーの標準書式には3つの重要な要素があります。「ペルソナ（誰が）」「アクション（何を）」「ビジネスメリット（なぜ）」です。

　「アクション」は、ペルソナがプロダクトを使って何をしたいかを表します。達成したい成果（例：アカウントの作成）や受け取りたいもの（例：携帯電話で読める明細書）を含めることもできます。

　「ビジネスメリット」は、ペルソナが得られる価値を表します。アクションの文脈を提供し、テストシナリオの作成に役立ちます。たとえば、ビジネスベネフィットに触れずに「ユーザーとして、アカウントを作りたい」と言った場合、ユーザーの理由が伝わりません。すると、当初の意図とは違ったものが作られる可能性があります。ビジネスメリットが「それは、サイトのメンバーになるためだ」であれば、マイペー

ジを作ることになるでしょうし、「それは、株取引をするためだ」であれば、株取引用のアプリケーションを構築することになるでしょう。

ユーザーストーリーのリストを作成するときは、図18-4の標準書式などの統一的な書式を使い、一貫性を持たせることを強く推奨します。

> [ペルソナ]として、
> [アクション]したい。
> それは、[ビジネスメリット]のためだ。

図18-4：アジャイルの標準書式

以下は、標準書式のユーザーストーリーの例です。

- 高齢者のエリンとして、アカウントを作成したい。それは、サイトのメンバーになるためだ。
- ジェネレーションXのサニーとして、プロフィールに自分の写真を設定したい。それは、遠隔地のチームメンバーに顔を知ってもらうためだ。
- ジェネレーションYのデイヴィッドとして、物件を検索したい。それは、予算内で購入可能な物件を把握するためだ。

プロダクトオーナーは、標準書式か選択した書式で、ユーザーストーリーを記述できなければいけません。チームは、ユーザーストーリーで求められていることを理解し、ビジネスニーズを判断できるように、標準書式の要素について質問できなければいけません。また、POからステークホルダーや顧客に対して、簡潔かつ明確に標準書式でニーズを提供してもらえるように伝えておくべきです。

ユーザーストーリーは長く書きがちです。わかりやすくするために詳細を追記したくなるからです。ツールによっても違いますが、たとえばコメント欄などに書いておくといいでしょう。カードのようにシンプルなものもあれば、バックログ管理ツールのように洗練されたものもあります。

ユーザーストーリーを記述するエクササイズ
あなたが取り組んでいるプロダクトやサービスについて考えてください。顧客ニーズを伝えるユーザーストーリーを標準書式（[ペルソナ]として、[アクション]したい。それは、[ビジネスメリット]のためだ。）で書いてください。書けたら同僚に説明してみましょう。説明できましたか？ どのような質問を受けましたか？ その質問によってユーザーストーリーを改善できますか？

ユーザーストーリーの受け入れ基準

「受け入れ基準」はユーザーストーリーの重要な属性です。それぞれのユーザーストーリーは、独自の受け入れ基準を持つ必要があります。受け入れ基準は「ストーリーが完成したことがどうやって知るか？」に答えるものです。そのためには、境界と合格／失敗の基準を設定する、機能的および非機能的な情報を提供して、ユーザーストーリーのテストに使うテストケースをテスターが作成できるようにします。

顧客がユーザーストーリーを伝えるときに、受け入れ基準も一緒に提供することが理想ですが、実際にはPOが顧客の代わりに受け入れ基準を記述することになるでしょう。POが書くのが難しければ、経験のあるQAテスターに協力してもらいましょう。

アジャイルピットイン
効果的な受け入れ基準を書くには、ソリューションよりも意図を明確にしましょう。「どのように」ではなく「何を」を述べるのです。「どのように」はチームが明らかにします。

効果的な受け入れ基準を書くためには、ソリューションよりも意図を明確にしましょう。「どのように」ではなく「何を」を述べるのです。たとえば、「ユーザーはドロップダウンメニューからアカウントを選択できる」よりも「ユーザーはアカウントを選択できる」と書くほうがいいでしょう。受け入れ基準は実装の詳細から独立させておきます。ユーザーストーリーが「高齢者のエリンとして、アカウントを作成したい。それは、サイトのメンバーになるためだ。」だった場合、受け入れ基準には以下のようなものが含まれるでしょう。

- ユーザーにアカウント作成オプションが提示されること。
- ユーザーはメールアドレスとパスワードを入力すること。

- パスワードがセキュリティポリシーに従っていること。
- 5秒以内にユーザーアカウントの確認を表示すること。
- アカウントの作成後、ユーザーはホームページに読み込むこと。

ユーザーストーリーのその他の属性

ユーザーストーリーには、受け入れ基準以外にも属性があります。図18-5のストーリーカードに示されているように、これらの属性を使って、スコープ、所有者、進捗などを記述することができます。たとえば、以下のような属性があります。

- コメント：グルーミングやプランニングの議論にもとづいて、ストーリーを「どのように」構築するかに影響を与える決定や詳細。
- 規模：ストーリーポイントなどで大きさを表す。
- タスク：ユーザーストーリーを分割して、機能を段階的に構築できるようにする。ストーリーのなかに含めるか、ユーザーストーリーの子としてリンクする。
- 所有者：ストーリーに取り組んでいるメンバー。少なくとも開発者1人とQA1人が必要。
- 状況：「未着手」「進行中」「解決済み」「確認済み」「完成」などの状況を示す。

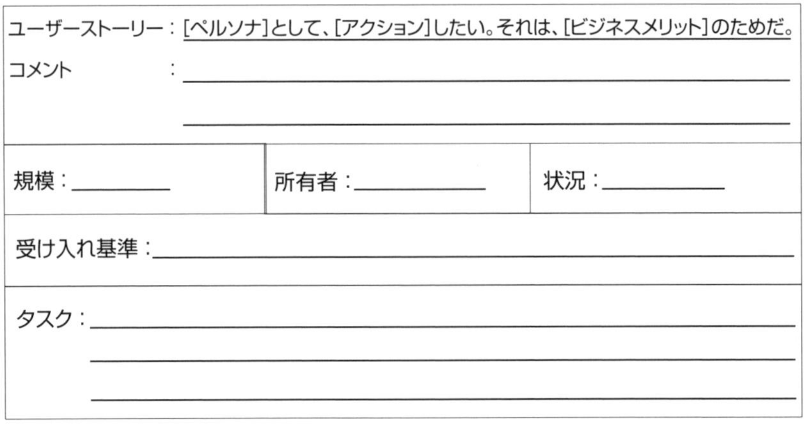

```
ユーザーストーリー：[ペルソナ]として、[アクション]したい。それは、[ビジネスメリット]のためだ。
コメント        ：_____
                 _____

規模：_____    所有者：_____    状況：_____

受け入れ基準：_____

タスク：_____
        _____
        _____
```

図18-5：ストーリーカードに書いたユーザーストーリー

18.5　ユーザーストーリーは会話を促進しているか?

　ユーザーストーリーを作成するには、ユーザーストーリーが形になる前と、ユーザーストーリーを書いたあとの両方の旅が必要です。そして、それを協力的かつ進化的に行う必要があります。書かれたユーザーストーリーは、継続的な会話を約束するものです。会話をしながら、チームで成果を理解・具体化して、顧客価値を満たしていきます。チームと関係者の会話を促進しましょう。

　ユーザーストーリーは、チームの仕事のバックボーンです。ユーザーストーリーを書くときは、標準書式などを使うことを検討してください。ペルソナや機能の対象者を含めれば、ペルソナの視点を理解するのに役立ちます。アクションを含めれば、何を構築すべきかがわかります。ビジネスメリットを含めれば、なぜ機能が必要なのかがわかります。これらの要素によって、チームは顧客が必要とするものを構築できます。こうした協力的なアプローチにより、チームの全員が顧客のニーズを理解し、顧客が望むものをうまく構築できるようになります。

第 19 章
アジャイルな予算編成を推進する

> アジャイルな予算編成で重要なのは、市場のスピードに適応できることだ。
> ―Mario Moreira

　顧客価値を構成するものは、高速に変化しています。市場のリーダーの多くは、新しいリーダーに後れを取っていることに気づいています。10年前にあった市場シェアは消滅し、新しい競合他社に取って代わられました。市場が変わり、新しい顧客ニーズが登場するなかで、あなたの企業に適応する能力はあるでしょうか？　市場シェアを獲得したり、市場シェアの低下を防止したりするために、市場の需要に合わせて予算を調整し、人材やリソースを確保することはできますか？

　新しい方向にすばやく移行しながら、市場の変化に対応できる予算編成の枠組みを持つことが重要です。これは、現在の需要と供給のシステムを見ることと、それに適応する能力を持つことの組み合わせになります。また、待機状態を減らし、価値の高いアイデアをすばやく市場に投入する予算編成の枠組みが必要です。簡単なことではありませんが、これをやらなければ、市場におけるポジションが危うくなるでしょう。

アジャイルピットイン
優れた予算編成の枠組みは、市場と顧客価値の新しい方向への移行、待機状態の削減、市場投入までの時間の短縮に役立ちます。

アジャイルのマインドセットでは、「要求の変更を歓迎します」の原則を適用する必要があります。ただし、第15章で説明したように、「要求」という言葉は、要求ツリーの戦略からタスクにいたるまで、さまざまなレベルのことを意味します。

アジャイルでは、通常はチームレベルやプロダクトレベルの要求の変更にフォーカスしています。本当の意味で「要求の変更を歓迎」するには、生まれた段階のアイデアを企業レベルで歓迎しなければいけません。つまり、アイデアを何か月も放置したり、年間予算のサイクルを待ったりするようなことではいけません。そうではなく、変更を歓迎し、体系的に優先順位を決定します。優先順位が高くなれば、作業に着手します。

19.1 従来の予算編成からの脱却

単純に言えば、予算編成の枠組みとは、お金を企業のどこで消費するかを決める手段です。優れた予算編成の枠組みは、アイデアを収集するアイデアパイプラインのような需要システムに適用され、定期的に顧客価値と企業戦略にもとづいて需要を評価し、そうした需要を満たすために供給側を調整するものです。

今日の多くの組織では、予算編成は年単位で行われます。予算編成はアイデアを求めるところから始まります。通常、これは「プロジェクト」と呼ばれます。プロジェクトには数か月かかります。図19–1に示すように、価値の高いアイデアが予算編成の6か月前から、すでに需要パイプラインに入っているかもしれません。そこから2か月かけてアイデアの特定と優先順位付けが行われ、さらに1か月かけて承認され、さらに3か月かけてチームに引き取られます。チームの負荷が3か月先までいっぱい

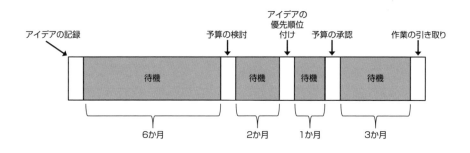

図19-1：従来の予算プロセス（待機状態が多い）

だからです。つまり、価値の高いアイデアであっても、作業が始まるまでに12か月以上待つ可能性があるということです。

　従来の予算編成の枠組みでは、価値の高いアイデアが1年以上前からパイプラインに置かれることがあります。バリューストリームマッピングをご存じであれば、プロセスの大半でアイデアが待機状態となっていると考えればわかりやすいでしょう。これは受け入れられません。

　市場を十分に理解していれば、1年前のアイデアは今ではそれほど価値はなく、すでに市場の機会を完全に失っていることに気づくかもしれません。仮にアイデアを進めても、競合他社が先に市場に投入しているため、最大の機会が得られずに、獲得できる市場シェアは小さくなるでしょう。だからこそ、アジャイルな予算編成の枠組みが必要なのです。

19.2　なぜアジャイルな予算編成なのか?

　アジャイルな予算編成のテーマは、企業が顧客のニーズと市場に適応できるように、賢く資金を使用することです。まずは、エンタープライズアイデアパイプラインとステークホルダーが必要です。ステークホルダーは、アイデアが「披露」ステージになったときに、すばやく受け入れて評価します。こうすれば、アイデアを台なしにする年間予算プロセスの待機状態を効果的に排除して、アイデアを収集してから市場にできるだけ早く投入する流れを最適化できます（図19-2）。事実、アジャイルな予算編成は、適応的かつ継続的な予算編成の枠組みとなります。

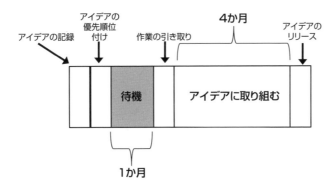

図19-2：アジャイルな予算編成の枠組み（価値の高いアイデアの待機状態を減らす）

図19-2 は、図19-1 よりもアイデアを12か月早く市場に投入しています。それだけでなく、市場投入のタイミングが適切なので、大きな市場シェアを獲得できるでしょう。その結果、企業は多くの収益が得られるはずです。図19-1 の従来の予算編成プロセスを図19-2 のアジャイルな予算編成の枠組みと比較してみると、「アイデアの記録」から「作業の引き取り」までの期間が約12か月短縮されているだけでなく、従来のプロセスだとようやく作業に着手できた段階で、約半年も早く価値の高いアイデアを実際に提供できています。

19.3　価値駆動型の需要と供給

図19-3 の5Rモデルを見ると、「記録」「披露」は需要側、「洗練」「実現」「リリース」は供給側を表していることがわかります。エンタープライズアイデアパイプラインは、アイデアを優先順位で並べた保管庫であり、それは需要側を意味します。そして、チームはそれらのアイデアに取り組む供給側となります。

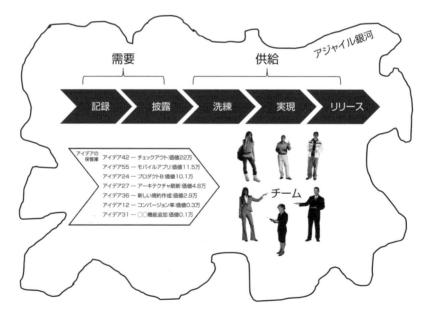

図19-3：需要（エンタープライズアイデアパイプライン）と供給（チーム）

従来の予算編成の枠組みでは、チームや部門には一定の予算と仕事が与えられます。価値の高い仕事が終われば、価値の低い作業に着手しなければいけません。稲妻型の

チームでなければ（次のセクションを参照）、自分たちにできる仕事を引き取ることしかできないのです。

　企業レベルからやってくる仕事がない場合、エンタープライズアイデアパイプラインにあるアイデアよりも価値の低い仕事をわざわざ生み出すことになるでしょう。反対に、従来の予算編成プロセスに従って仕事を引き受けていると、途中からチームのバックログがいっぱいになり、価値の高い仕事をする余裕がなくなります。

　顧客価値にもとづくアプローチにするには、アジャイルな予算編成の枠組みをエンタープライズパイプラインや稲妻型のチームと組み合わせます。そうすれば、人材やチーム（供給）を最も価値の高いアイデア（需要）に合わせて、継続的かつ柔軟に調整できるようになります。

　たとえば、「披露」ステージに価値の高いアイデアが待機しているエンタープライズアイデアパイプラインを考えてみましょう。上位のアイデアに取り組むには、チームが3つ必要だということがわかりました。しかし、それぞれのチームのキャパシティを見ると、3つ目のチームが忙しく、これ以上仕事を引き取ることができません。

　選択肢は2つあります。まず、3つ目のチームに対して、新しいアイデアのほうが現在の仕事よりも価値があると認めてもらうことです。価値があるとわかれば、できるだけ早く仕事を終わらせるか、快く仕事を切り上げてくれるはずです。もうひとつは、3つ目のチームがボトルネックになっているのであれば、そのチームに新たな人材を追加するか、仕事に取り組んでもらえる新規のチームを用意します。

　エンタープライズアイデアパイプラインを持つ利点は、保管庫で待機している価値の高いアイデア（需要）とチームの稼働（供給）を視覚的に把握できることです。アジャイルな予算編成の枠組みを持つ利点は、そこに対して実際に手を打つことができることです。価値の高い仕事が流れているチームに予算を移し、価値の低い仕事を減らすことができます。

19.4　価値の高いアイデアの構造化

　アジャイルな予算編成の枠組みの背景にあるテーマは、効果的に投資判断することで、資金を賢く使うというものです。投資判断では、最も価値の高い顧客価値を持つアイデア（需要）に対して、できるだけ早くチーム（供給）が取り組むことにフォー

カスすべきです。

　企業の投資の一部は、ビジネス活動の**運営**にフォーカスしています。たとえば、企業の重要な事業を保守やサポートも含めて維持するようなことです。できることなら、既存のプロダクトやサービスの**成長**に関わるアイデアや、**変革**およびビジネスの革新にフォーカスしたアイデアに多くの部分を投資すべきです。アジャイルな予算編成の枠組みでは、この3つの領域（運営、成長、変革）をすべて考慮します。

　ここでの目的は、すべてのチームが価値が高い仕事に取り組むことです。しかし、価値の低い仕事に取り組んでいるチームも珍しくはありません。需要は、それがアイデア・機能・バグ修正のいずれの形態であっても、供給（それらを取り扱うチーム）を上回るのが一般的です。そのことを忘れないでください。「仕事」は常にたくさんあります。チームが取り組んでいる仕事に実際に価値があることを確認することが重要です。

　チームや部門が価値の低い仕事に取り組んでいることを把握するために、年の終わりまで待つことは望ましくありません。従来の予算編成の枠組みでは、チームは年間のアイデアのバックログに取り組んでいるため、価値の高い新しいアイデアはしばらく待機していました（図19-4）。アジャイルな予算編成の枠組みでは、価値の高い仕事から引き取ることができ、すべてのチームが価値の高い仕事に取り組めるようになります。

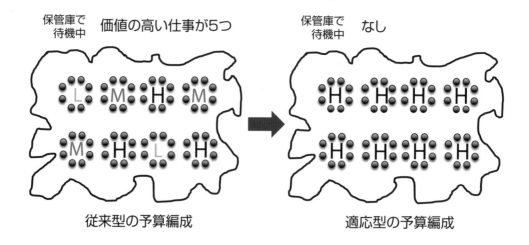

図19-4：価値の混在（L/M/H）からすべてを価値の高い仕事（H）にする

チームや部門が価値の高い仕事を扱っているのであれば、企業はその領域に人材やチームを追加することで、さらに多くの投資を行うことができます。逆に、エンタープライズアイデアパイプラインに価値の低い仕事が目立つ場合、その領域に投資するのを減らすか、価値の高い仕事ができるようにスキルを適応させる時期に来ている可能性があります。

19.5　アジャイルな予算編成の枠組みの構成要素

アジャイルな予算編成の枠組みは、価値の高い仕事にタイミングよく投資できるようにするシステムです。これにより、顧客に価値をすばやく届けられるようになります。「予算編成」の言葉が含まれますが、階層や組織構造の管理よりも、顧客価値にフォーカスしています。

企業の規模は零細企業から大企業までさまざまなので、アジャイルな予算編成をどのように導入するかは、状況によって異なります。企業の複雑さを考えると、それぞれに合わせて調整する必要があるでしょう。アジャイルな予算編成の枠組みには構成要素があります（図19–5）。

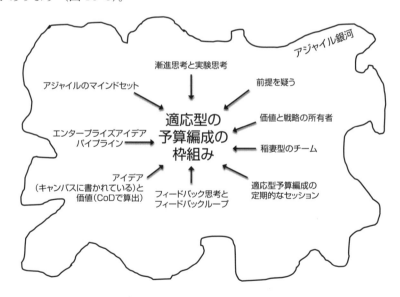

図19-5：アジャイルな予算編成の枠組みの構成要素

まずは、市場と顧客価値への適応を受け入れること、企業にあるアイデアのリスト

を新しい価値の高いアイデアに切り替えること、アジャイルの価値と原則を導入して、適応がなぜ素晴らしいかを理解すること、継続的に顧客フィードバックを取り込むこと、などのアジャイルのマインドセットが必要になります。

　アジャイルな予算編成の枠組みでは、第10章で説明した漸進思考と実験思考が重要です。アイデア全体ではなく、インクリメントに対して予算をつけてコミットします。第2章で説明したように、前提を疑い、段階的なアプローチで顧客フィードバックを集めるまでは、そのアイデアを顧客が必要とするかどうかに確信を持つことはできません。インクリメントに価値があるとわかれば、次のインクリメントに予算がつきます。

　第10章で説明したフィードバック思考と第14章で説明したフィードバックループを使えば、アジャイルな予算編成の枠組みのガイドとなります。アイデアのインクリメントを顧客に検証してもらうことで、顧客価値の方向に進んでいることがわかります。

　第11章で説明したように、エンタープライズアイデアパイプラインやそれに準ずるものが必要です。そこには、アイデアをキャンバスのような読みやすい形式で体系的に記述すること（第13章）、CoDやCD3などの価値ベースの手法でアイデアに優先順位を付けること（第12章）、価値の前提を疑うこと（第2章と第12章）などが含まれます。

　価値と戦略の所有者となる重要なステークホルダーが必要です。彼らは、エンタープライズアイデアパイプライン、CoDやCD3などの価値ベースの手法、漸進思考と実験思考について教育を受けるべきです。また、前提を疑う効果的な方法を理解すべきです。さらには、複数のスキルを持ち、さまざまな仕事に取り組んだ経験のある稲妻型のチームが必要です。

　価値の高い新しいアイデアをすぐに取り入れるために、定期的にセッションを開く必要があります。こうしたセッションは、顧客価値と戦略に合った領域に適切に投資することを保証します。これには、アイデアの前提を疑ったり、処分を決定したりすることも含まれます。価値が低いものや、供給側の帯域を下回るレベルのものは、相応の順番になるまで保留となります。

19.6 アジャイルな予算編成に関わる人たち

　アジャイルな予算編成は企業に対して、大きな事前型のイベント駆動型のプロセスを、小さな漸進的かつ継続的なセッションに変えることを求めます。これが大きな変化となる組織もあるでしょう。年1回だけ集中してやればよかったものを、年中やらなければいけなくなるからです。

　アジャイルな予算編成の枠組みを導入するには、役割と責任を移行する必要があるかもしれません。アジャイルな予算編成の枠組みに関わる重要なステークホルダーには、価値の所有者（プロダクトオーナー）や戦略の所有者（シニアマネジメント）が含まれます。彼らのことを「アジャイルな予算編成チーム」と呼ぶこともあります。企業に適した名前を付けても構いませんが、すでに企業で使われている用語は使わないでください。

　ポートフォリオマネジメントチームが存在する場合、その責任は意思決定というよりも、アジャイルな予算編成を可能にするために、顧客価値に関するデータを収集したり、それをアジャイルな予算編成チームと共有したりすることになるでしょう。ポートフォリオマネジメントチームは、アイデアとその価値の評価を支援できます。そのために、強み・弱み・機会・脅威（SWOT）を考慮したり、収益の増加、収益の保護、コストの削減、コストの低下を踏まえながら、複数のアイデアのトレードオフにフォーカスしたりします（第12章）。

アジャイルピットイン
アジャイルな予算編成の枠組みは、HiPPO（最高給取りの意見）による優先順位付けには顧客価値の理解が不足しているため、これを回避しようとします。

　PMOが存在する場合、その責任は仕事の所有というよりも、アジャイルな予算編成を可能にするために、アイデアの依存関係の管理にフォーカスすることになるでしょう。ここで重要なのは、顧客価値駆動のアプローチの意思決定者や価値の所有者が、アジャイルな予算編成の枠組みの原動力になるということです。

　誰かがそう言っているからといって、新しいアイデアを最優先にしないでください。アジャイルな予算編成の枠組みは、シニアマネージャーが自分の意見だけで優先

順位を決めるような、HiPPOによる優先順位付けを回避しようとします（第12章）。HiPPOによる優先順位付けは、カオスを招き、価値の高い仕事がどこにあるかの理解の欠如につながります。アジャイルな予算編成の枠組みは、顧客価値の軌道修正をすばやく行うことには役立ちますが、顧客価値の理解が体系的に行われていないと、頻繁に軌道が変更され、カオスに陥りがちです。

　オーナーシップと自己組織化の精神では、企業のなかで最も多くの情報を持つチームのレベルに責任を移すため、シニアマネジメントには価値にもとづき、戦略に合致したアイデアを評価する時間が生まれるはずです。

19.7　稲妻型のチーム

　アジャイルな予算編成の枠組みでは、企業の構造や従業員の教育を変える必要があります。顧客価値は変化していくため、企業も従業員もその変化に適用することが求められます。ここでの目的は、企業を大幅に再編成することなく、価値の高い仕事を容易かつ迅速に移行できるようにすることです。重要なのは、過度に硬直化した柔軟性のない組織構造を避けることです。

　アジャイルのマインドセットは、企業の構造を厳格に守るというよりも、顧客価値の最適化にフォーカスしています。第8章で説明したホラクラシーなどの概念が、企業構造を顧客価値に適応させるのに役立つのはそのためです。「チームによる組織」と「部門による組織」の対立を考えると、アジャイルエンタープライズの構築に知見が得られるでしょう。他の部門が価値にフォーカスしているとき、勝手に組織を再編成してはいけません。組織変革は体系的に、顧客価値にもとづいて行うべきです。

　再編成によって顧客価値に合わせることもできますが、チームのスキルを強化して「仕事をチームに渡す」というアプローチも可能です。これは、学習を望む稲妻型のチームに投資するというものです。稲妻型のチームとは、仕事に関連する第1スキル、第2スキル、第3スキルを備えたメンバーで構成されたチームです。

　図19-6に示した稲妻は、1つの深いギザギザ（第1スキル）と2つの浅いギザギザ（第2スキルと第3スキル）を持っています。さまざまなスキルを身に付ける目的は、チームが広い範囲の作業に対応できるようにするためです。また、チームメンバーのスキルを強化して、他のチームメンバーができない作業や、助けを求めている作業を

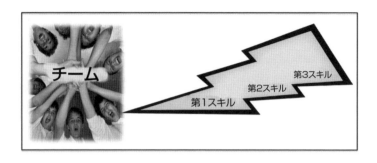

図19-6：チームに稲妻型のスキルを注入する

補うためです。

　稲妻型のチームを作るには、教育に投資して、第2や第3のスキルを指導します。たとえば、開発者がプログラミングという第1スキルを持っている場合、第2スキルとしてデータベーススキーマを構築するスキル、第3スキルとしてユニットテストを書いたりテストケースを実行したりするスキルを学んでもらいます。あるいは、開発者がHTMLとJavaScriptによるフロントエンドユーザーインターフェイスのプログラミングという第1スキルを持っている場合、第2スキルとしてAPIのルーチンやプロトコルをプログラミングするスキル、第3スキルとしてバックエンドアプリをRubyやPythonで実装するスキルを学んでもらいます。

> **アジャイルピットイン**
> アジャイルな予算編成の枠組みとエンタープライズアイデアパイプラインと稲妻型のチームによって、チーム（供給）と最も価値の高いアイデア（需要）を継続的かつ柔軟に対応させることができます。

　長期的な利点は、チームメンバーのスキルを増やすことによって、チームを変えずに幅広いアイデアに対応できるようになることです。そうすれば、組織もパフォーマンスの高いチームから恩恵を得られます。これにより、パフォーマンスの高いチームを崩壊させることなく、品質の高いアイデアを構築する能力を高めることができます。

19.8　独自の枠組みを作る指針

　アジャイルな予算編成は企業に対して、大きな事前型のイベント駆動型のプロセスを、小さな漸進的かつ継続的なセッションに変えることを求めます。これが大きな変化となる組織もあるでしょう。アジャイルな予算編成の枠組みに移行するときには、一気に移行しないほうがいいでしょう。年単位の予算プロセスを使用している場合は、次の四半期から開始するといいでしょう。3か月でアジャイルな予算編成の枠組みを試してみて、企業に合わせて調整しましょう。

　「19.5　アジャイルな予算編成の枠組みの構成要素」を読み返し、この期間で設定と実験をしてみましょう。企業の規模や複雑さは独自性のあるものなので、状況に合わせてアジャイルな予算編成の導入方法も異なります。そのことを忘れないようにしましょう。

アジャイルピットイン
四半期でアジャイルな予算編成の枠組みの実験をすることが重要です。そこで企業に合わせて調整したり、経験を積んだりしましょう。

　最初の四半期では、重要なステークホルダーを「価値と戦略の所有者」（アジャイルな予算編成チーム）に変えるために、顧客価値やアジャイルの価値と原則にフォーカスしたアジャイルのマインドセットを含め、アジャイルな予算編成について教育しましょう。前提を疑うこと、CoD、CD3を中心に、漸進思考と実験思考を教えるセッションも開催しましょう。このセッションでは、顧客価値を検証するために、フィードバック思考と顧客フィードバックループについても説明しておきましょう。

　エンタープライズアイデアパイプラインとアイデア（キャンバスなど）と価値（CoDやCD3など）を記述する方法を紹介しましょう。エンタープライズアイデアパイプラインを構築し、企業でそれを何と呼ぶかを決定しておきます。このときに、現在の未着手のアイデアをエンタープライズアイデアパイプラインのボードに移動しましょう。

　小さなグループで（できればプロダクトオーナーが）それぞれのアイデアのCoDとCD3を算出します。このときにCoDとCD3の計算に使う前提をリストにしておきます。アイデアの一部（20個以下）が終わったら、アジャイルな予算編成チームと共有

しましょう。

　アジャイルな予算編成チームと一緒に、CD3のスコアに応じたランク順にそれぞれのアイデアを見ていきましょう。ここでは前提を共有してください。アジャイルな予算編成チームに前提を疑うようなオープンエンドな質問をしてもらいましょう。たとえば「なぜこの結論に達したのですか？」「不確実性のレベルはどの程度だと思いますか？」「最もリスクの高い前提は何ですか？」「検証に必要な情報は何ですか？」などが考えられます。特に最後の質問が重要であり、顧客価値を検証するために、アイデアの最初のインクリメントとフィードバックループにフォーカスすることができます。これは、枠組みを理解して、戦うための時間です。

　前提を疑ったり価値のスコアを示したりするときには、価値のスコアを上げるために、自分の分野や部門にアイデアを取り込もうとしている人たちに耳を傾けましょう。ここでは、顧客価値にフォーカスするマインドセットが重要になります。ここでの目的は、企業全体のために最適化することであり、特定の部門や個人に部分最適化するためではありません。

アジャイルピットイン
古い予算編成の枠組みからアジャイルな予算編成の枠組みへの移行には困難を伴います。必ず企業全体のために最適化してください。

　アジャイルな予算編成チームと何度かセッションを開いたら、前提を疑い、価値にもとづいてランク付けされたアイデアが手に入ります。それでは、アジャイルな予算編成の枠組みを開始しましょう。アイデアに取り組んでくれるチームに上位のアイデアを共有しましょう。これが、古い予算編成からアジャイルな予算編成の枠組みへの移行です。チームには、価値の高いアイデアを引き取り、インクリメントを切り出して、顧客価値の検証を開始するのはいつになるかと質問しましょう。

　もしかすると、いくつかのチームのバックログは、アイデアや作業であふれているかもしれません。チームのPOは、どれが最も重要か（既存の作業なのか新しい作業なのか）を判断する必要があります。既存の作業は重要そうに見えますが、実は新しい作業のほうが価値が高いことが多いのです。健全な議論をしていきましょう。

> **アジャイルな予算編成の枠組みのエクササイズ**
> 未着手のアイデアを3つ選びましょう。それぞれのアイデアに対してCoDとCD3を計算してください。CoDとCD3の計算に使った前提を記録しておきましょう。それが終わったら、価値の所有者（POなど）に共有して、価値と前提を説明しましょう。そして、前提を疑うオープンエンドの質問をしてもらいましょう。どのような感じでしたか？

19.9　アイデアを整理するリズム

　アジャイルな予算編成の枠組みをうまく導入して、企業に合わせて調整できたら、定期的にアイデアを整理していきましょう。アイデアがやってくるペースに合わせて、アジャイルな予算編成のセッションを開催するスケジュールを立てましょう。多くのアイデアが出てくるかもしれませんが、近い将来に着手する価値の高いアイデアだけを評価します。

　価値と戦略の所有者（アジャイルな予算編成チーム）を特定する必要があります。セッションには他にも必要な人たちがいるかもしれません。可能であれば、話せる人数を12人以下に抑える必要があります。そうしないと、セッションが手に負えなくなる可能性があります。

　これらのセッションは、顧客の価値と戦略にもとづいて、適切な投資を確実に行うための機会です。価値の低いアイデアは、相応の順番になるまで保留となります。また、これらのセッションでは、健全なアジャイルな予算編成の枠組みを維持するための指標を目にする機会となります。アジャイルの成功指標については、第20章で説明します。

19.10　最も価値の高いものに投資しているか？

　アジャイルな予算編成の枠組みは、予算編成のプロセス以上のものです。漸進思考、実験思考、フィードバック思考を含めたマインドセット、稲妻型のチーム、顧客価値にもとづいて優先順位を付けたエンタープライズアイデアパイプライン、フィードバックループによる検証が含まれます。これにより、顧客と市場の変化する要求に適応することができます。同様に重要なのは、従来の予算編成プロセスにあった待機状態を回避することで、アイデアをすばやく市場に投入できるということです。

市場が変化して、新しい市場が登場したときに、価値の高い仕事に対してすばやく適応する能力がありますか？　価値の高いアイデア（需要）をチームやリソース（供給）に近づけることができる、柔軟な予算や投資の枠組みがありますか？　価値をすばやく市場に届けるために、待機状態や市場投入までの時間を短縮できる枠組みになっていますか？　簡単なことではありませんが、これをやらなければ、市場におけるポジションが危うくなるでしょう。待機状態が短く価値の高い、アジャイルな予算編成の枠組みによって、顧客やビジネスの成功につなげましょう。

19.11　参考文献

- "Beyond Budgeting: How Managers Can Break Free from the Annual Performance Trap" by Jeremy Hope and Robin Fraser, Harvard Business Review Press, 2003（邦訳『脱予算経営』生産性出版）
- "Implementing Beyond Budgeting: Unlocking the Performance Potential" by Bjarte Bogsnes, Wiley, 2008（邦訳『脱予算経営への挑戦』生産性出版）

第20章

アジャイルの成功指標を適用する

> どんな指標があっても、活用するか見失うかのいずれかしかない。
>
> —Mario Moreira

　指標や尺度は危険でもあり有益でもあります。そのため、非常に難しいものです。危険というのは、間違ったものを計測すると間違った方向に進んだり、指標が使用されているとわかれば、不正に操作したりする可能性があるということです。ビジネスの成功を求めているわけですから、結果よりも成果を計測すべきです。そうすれば、意思決定にも役立ちます。

　本章は、アジャイルの包括的な指標を紹介するものではありません。計測フレームワークの構築を開始するのに十分な情報を提供し、それを使って顧客価値をうまく提供できているかを判断してもらうことが狙いです。顧客価値にフォーカスするためには、正しい方向に進んでいるかを計測する方法が必要です。このことは、現在の指標の多くには価値がないか、あまり価値が高くないことを意味しています。また、意思決定やナビゲーションに実際に使える指標だけを持つべきです。

20.1　成果が重要

　アジャイルの指標の目的は、顧客価値の提供に意識を向けることです。結果よりも成果ベースの指標がアジャイルに適しているのはそのためです。結果の指標は、どれだけデリバリーしたかにフォーカスしています。成果の指標は、デリバリーの効果にフォーカスしています。重要なのは成果です。

　成果ベースの指標は、ビジネスの成功を理解するのに役立ちます。途中で結果の指標も必要になりますが、求めている成果を達成できているかを確認するためのものです。

　第 3 章で説明したように、結果はリリースの回数で計測しますが、成果はリリースするたびにどれだけ多くの顧客がプロダクトを購入・使用するかで計測します。リリース回数が多いにもかかわらず、購入や使用の量が低い場合は、対処が必要です。どうしても成果より結果が重視されてしまうことが多いですが、それは、そのほうが計測しやすかったり、従来のマインドセットを引きずっていたりするからです。

アジャイルピットイン
成果ベースの指標により、内部的な視点から外部的あるいは顧客的な視点に移行できます。

　成果にフォーカスすれば、内部的な視点から外部的あるいは顧客的な視点に移行できます。こうすることで、これから構築する顧客価値駆動の世界で目指すべきものを理解できます。

　第 11 章で説明した 6R モデルに「回顧」ステージを含めたもうひとつの理由は、結果や成果が明らかになるのが「回顧」ステージだからです。これにより、アイデアのデリバリーの全体像を把握することができます。デリバリーの開始は開発が始まったときではありませんし、デリバリーの終了は何かを提供したときではありません。

20.2 指標の価値

　指標はそれを活用できる能力を持ち、企業を操縦できなければ価値がありません。一時的に利用する指標もあれば、永続的に利用する指標もあります。多くの指標が作成・共有されているのを見ているでしょうが、意思決定に実際に使われているのはわずかです。チームや組織が正しい方向に進むためには、どのような指標が役に立つかを継続的に問いかける必要があります。提案された指標について議論する前に、指標の相対的な価値について議論する価値があります。

　指標の価値は、「有用性」を収集する「労力」で割ったものです。有用性とは、意思決定などに役立つことを意味します。労力とは、データの収集や指標の算出に必要なエネルギーです。有用性よりも算出する労力が大幅に上回れば、その指標を準備する価値はないでしょう。

アジャイルピットイン

指標の価値は、「有用性」を収集する「労力」で割ったものです。軌道のナビゲーションに指標を使っていないなら、使うのをやめましょう。

　ライフサイクルが短く、一定期間だけ有用な指標もあります。たとえば、アジャイル教育プログラムを開始した場合、教育を受けた従業員の増加を把握するために、受講人数を集めることには価値があるでしょう。しかし、受講者が80%を超えたならば、もはやデータを収集して指標を追跡しても、あまり意味がありません。

　指標の相対的な価値は時間によって変化するため、定期的に評価しましょう。価値がなくなったら、使うのをやめましょう。新しいものに価値があり、その有用性が労力よりも高ければ、指標に含めましょう。

20.3　先行指標の価値

　ビジネスの成功は、さまざまな方法で計測できます。顧客の観点から望ましい成果を考えると、プロダクトの購入や使用が増加して、最終的に収益が増えることになるでしょう。顧客収益の指標を使えば、プロダクトやサービスが売れているかどうかがわかります。

収益から始めるのは悪くはありません。しかし、収益は結果の指標なので、「遅行」指標です。これを補うためには、顧客の現状とアイデアの進捗がわかる「先行」指標が必要です。タイムリーに把握することが重要です。前進するための意思決定のインプットになるからです。現在のデータを見ながらうまく意思決定すれば、成功の可能性は高まり、収益も増加していくでしょう。

> **アジャイルピットイン**
> 収益はビジネスを改善するための確実な指標ではありますが、あくまでも「遅行指標」なので、顧客価値の方向に進むためにタイムリーな状況を示す「先行指標」が必要です。

顧客収益も収集すべき重要な指標ですが、正しい方向に進んでいることを確認するために必要な指標とは何でしょうか？ すべての遅行指標について、それがプラスになる（たとえば、収益が増加する）ことを確認するには、少なくとも1つは先行指標を用意する必要があります。私はこれを「遅行指標から先行指標までの道筋」と呼んでいます。

図20-1のように、望ましい成果は顧客があなたのアイデア（プロダクトやサービス）を購入・使用することです。これは、顧客収益を伴う遅行指標なので、先行指標は以下のようになります。

- デモに参加する顧客：デモやスプリントレビューを示す先行指標です。デモに参加している顧客の人数や受け取ったフィードバックを数えます。顧客が参加していなければ、望ましい成果を達成できる可能性は低くなります。
- デモに満足する顧客：デモで見た機能に満足している顧客を示す先行指標です。
- ベータ版を使用する顧客：アイデアをベータ版で試してみたい顧客を示す先行指標です。

先行指標の価値は、顧客価値の方向に進んでいるかどうかを「示す」ことです。スプリントレビューに参加を希望する顧客がいないなら、そのプロダクトが市場にとって魅力的ではない可能性を示しています。顧客がいなければ、顧客価値に適応するた

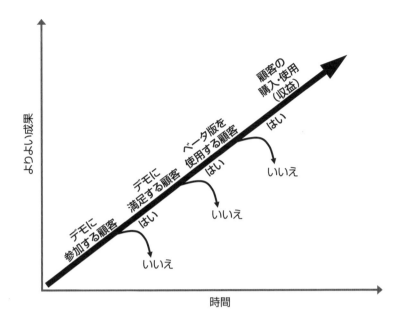

図20-1：遅行指標から先行指標への道筋

めに必要な顧客フィードバックも得られません。

　顧客がスプリントレビューに満足していない場合、そのアイデアが市場にとって魅力的ではない可能性を示しています。最後に、ベータ版を使用したいと考える顧客が少なければ、そのプロダクトに対する顧客の関心が薄いことを示しています。1つだけでは必要なデータをすべて入手することはできないので、いくつもの先行指標を用意することが重要です。

> **遅行指標から先行指標までのエクササイズ**
> アジャイルの文脈で「従業員が仕事に対してオーナーシップを感じる」ためには、先行指標として何が必要かを考えてみてください。たとえば、アジャイルの教育を受けた従業員の人数を把握したいでしょうか？　それとも、自己組織化して仕事に取り組んでいると感じている従業員の人数でしょうか？　他にはあるでしょうか？

20.4　企業経営のための指標

　顧客価値を手に入れることは旅です。顧客価値の方向に進んでいることをどうやって把握しますか？　その答えは、価値指標です。これを補完するために、流れ・品質・満足度などの指標を選択します。そうすれば、三角測量によって、全体像を把握できます。重要なのは、価値やその先行指標にフォーカスして、積極的に使えるような指標を確立することです。以下に有用と思われるものを選びました。

価値曲線

　価値曲線とは、着手中のアイデアの価値と待機中のアイデアの価値を比較するものです。この指標で重要なのは、待機中の価値の高いアイデアと着手中の価値の低いアイデア（価値の高いアイデアを待機中にしている原因）を認識できることです（図20-2）。なお、ここでの価値は遅延コストにもとづいています。

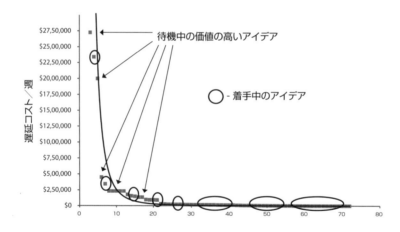

図20-2：企業の価値曲線

　価値の高いアイデアが待機中となり、しばらく時間が経っていることを認識できれば、意思決定に役立つ情報となります。チームが作業を引き取るときに、価値の低い手法を優先する古い手法を適用することなく、価値の高い作業から引き取れるようになります。価値曲線については、第12章で知見が得られます。

アイデアの CoD と CD3

アイデアの CoD と CD3 は、早期の先行指標であり、CoD（あるいは独自の価値スコア）で評価したアイデアの割合いを見るものです。補完的な指標としては、HiPPO が評価したアイデアの割合いがあります。

これらの指標は、企業がどれだけ真剣に価値ベースのプラクティスをアイデアに適用しているかを示すものです。逆に HiPPO は、価値の優先順位がどれだけ人の意見で決まっているかを示すものです。図 20-3 は、ある企業のようすを時系列で示したものです。CoD と CD3 が増えて、HiPPO が減っていることがわかります。1 月中旬に CoD の教育を開始したので、CoD と CD3 の利用が増え始めています。これは一時的な指標です。CoD と CD3 の利用が 80%を超えたら（80：20 の法則（パレートの法則）を適用して）、これ以上収集する必要はありません。CoD と CD3 については、第 12 章で詳しく説明しています。

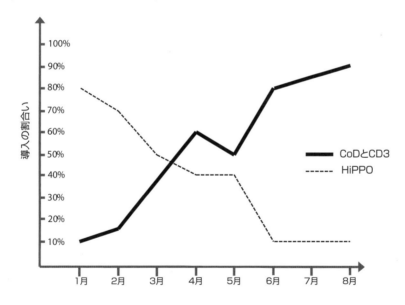

図20-3：CoD と CD3 の導入の遷移

デモの顧客

デモの顧客は、初期の先行指標であり、チームやプロダクトのデモに参加している顧客の人数を見るものです。「披露」ステージで取得する指標です。参加人数が少な

いというのは、顧客の関心やフィードバックが少ないことを示しています。このことは、顧客価値の理解の妨げになります。

こうした種類の指標は、デモに対する顧客の関与レベルを理解するのに役立ちます。関与レベルが低ければ、顧客価値の方向に進んでいる可能性は低いです。図20-4を見てください。プロダクトAとプロダクトBがありますが、どちらがデモに対する顧客の関与レベルが高いですか？　なお、これも一時的な指標です。プロダクトBを例にすると、数スプリントで顧客の関与レベルが明らかになったら、この指標を使う必要はありません。

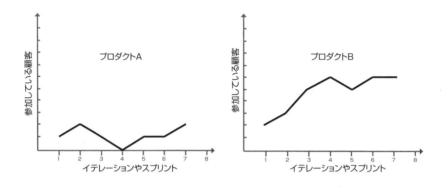

図20-4：デモに参加している顧客

顧客満足度

顧客満足度は、企業のプロダクトやサービスが顧客の期待を満たしているか、あるいは上回っているかを判断するものです。顧客満足のメリットは2つあります。まず、顧客収益の先行指標であり、正しい方向に進んでいるかどうかを把握できることです。もうひとつは、従業員が顧客に価値を届ける重要性にフォーカスできることです。顧客満足度は累積で報告されることが多いです。また、プロダクトの有用性や問題に対する対応速度など、さまざまな観点から計測することもあります。

図20-5に示すように、顧客満足度調査は定期的に実施し、企業のプロダクトの満足度を求め、改善アクションを特定する必要があります。6Rモデルの「回顧」ステージで、購入後の満足度調査を実施して、顧客満足度と顧客が求める価値を評価します。顧客満足度を示す指標にはさまざまな形式があるため、調査しながら自分たちに適し

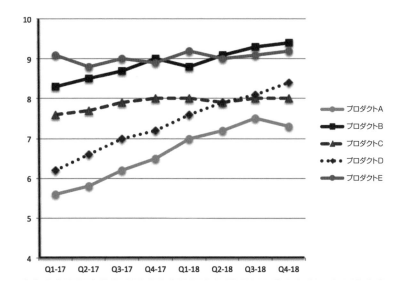

図20-5：プロダクトごとの顧客満足度

たものを見つけましょう。

　顧客満足度の重要な指標は、ネットプロモータースコア（NPS）です。これは、企業のプロダクトやサービスを他人に推薦する意志を計測するものです。企業のプロダクトやサービスに対する全体的な満足度と、顧客のロイヤルティを計測するのに役立ちます。企業のプロダクトやサービスを他人に推薦するかどうかを1～10で答えてもらいます。0～6は批判者、7～8は中立者、9～10は推奨者（推薦者やプロモーター）となります。

端から端までのリードタイム

　多くの企業では、市場投入までの時間について議論されています。これを計測できれば、顧客価値を提供している割合がわかります。ここでの問題は、これが「実現」ステージ（開発段階）で議論されていることです。これは「サイクルタイム」と呼ばれます。サイクルタイムとは、開発を開始してからデリバリーするまでの時間です。「記録」から「洗練」までに大きな改善の機会があったとしても、それらを認識することなく、「実現」ステージだけを部分最適化しがちです。

　本当に意味があるのは、エンタープライズアイデアパイプラインの端から端まで、

つまり「記録」ステージから「リリース」ステージまで（言い換えるなら、コンセプトから現金化まで）にフォーカスすることです。これを「リードタイム」と呼びます。リードタイムとは、アイデアを記録してからデリバリーするまでの時間です。これは、「実現」ステージよりも、「記録」から「洗練」までのステージのほうに時間がかかっている可能性が高いことを強調するものです。「実現」ステージに引き取るまでに、アイデアはどれくらい待機しているのでしょうか？

図20-6を見ると、従来の予算編成とアジャイルな予算編成では、どちらも「実現」ステージに同じ3か月かかっています。アジャイルな予算編成では、従来の予算編成で見られる待機状態を減らすことにフォーカスしています。その結果、「実現」ステージのサイクルタイムは3か月のままですが、全体のサイクルタイムは16か月から6か月に短縮され、市場投入までの時間は62.5%短縮されました。

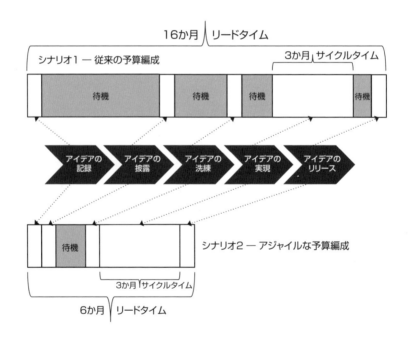

図20-6：5Rモデルのリードタイムとサイクルタイム

「記録」から「リリース」までのリードタイムを計測すると、その長さに驚かされるでしょう。アイデアの待機状態が多いことに気づくからです。図20-7のようなリードタイムのトレンド指標をプロダクト、プロダクトライン、企業レベルごとに作ると

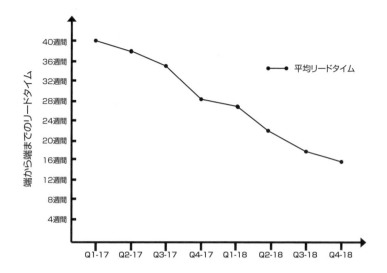

図20-7：リードタイムのトレンド指標

いいでしょう。リードタイムのトレンド指標は、リードタイムの長さとその傾向を示します。

リードタイムのトレンド指標の目的は、顧客が受け入れられる変化のペースを特定することです。ウェブサイトや小売りのプロダクトでは、現在のペースよりもかなり速くなることが多いです。端から端までのリードタイムを短縮するという目標を設定したら、漸進思考と分解のテクニックを教えるところから開始すべきです。リードタイムは収益の指標としても使えます。アイデアが市場に出るまでに時間がかかりすぎていたら、顧客収益に直接的な影響を与えるでしょう。

顧客収益

「収益」は複雑な用語で、さまざまな解釈が可能です。私は「純収益」を指しています。企業がプロダクトやサービスを販売することによって受け取る金額から、返品、返金、割引などのマイナスの金額を差し引いたものです。収益は遅行指標ですが、構築しているプロダクトの価値が顧客に伝わっているかどうかを示す重要な指標となります。

収益指標は、プロダクト、プロダクトライン、ビジネスユニット、企業レベルで算出できます。図20-8 に示すように、四半期で算出することもできます。収益は遅行

指標なので、収益の増加につながる先行指標を用意できるように、「遅行指標から先行指標までの道筋」を確立しましょう。収益指標にはさまざまな形式があるため、調査しながら自分たちに適したものを見つけましょう。

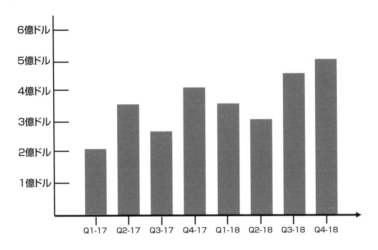

図20-8：販売による顧客収益

従業員満足度

　従業員満足度は、職場の満足度を計測するものです。従業員からのフィードバックにより、意義のある改善機会を手に入れることができます。満足度が低いと、退職率が高くなり、生産性が低下します。従業員満足度が低下し始めると、顧客収益に影響があるでしょうか？　つまり、企業をサポートするモチベーションが低下し、顧客価値にフォーカスしなくなるのでしょうか？

　満足している従業員は、ロイヤルティも生産性も高いです。従業員に関心や懸念を表明してもらいましょう。従業員満足度調査は、その結果と改善の機会が真剣に考えられているのであれば、従業員の活力と権限を高めることにつながります。図20-9では、従業員満足度を計測するフレームワークとして、第7章で紹介したCOMETSを使っています。この例では、10段階で9〜10を選択した従業員が、その領域で満足していることを示しています。

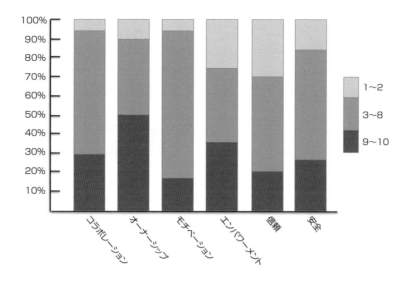

図20-9：COMETSを使った従業員満足度

アジャイルのプログラムを開始するときは、満足度を計測することが重要です。そうすれば、満足度の変化を理解するのに役立ちます。アジャイルが浸透していくと、多くの人たちが満足する一方で、自分のコントロール領域が狭くなり、不満に思う人たちも出てきます。従業員満足度の指標にはさまざまな形式があるため、調査しながら自分たちに適したものを見つけましょう。

20.5　相関関係を示すエンタープライズダッシュボード

　複数の指標を集めたら、ダッシュボードでまとめて共有すると便利です。ダッシュボードは、企業が進んでいる方向性を把握するのに役立つ重要な指標を表示した「情報ラジエーター」の一種です。図20-10のように、指標は3〜6個にするといいでしょう。顧客価値、スピード、満足度などによって優先順位を付けましょう。
　ダッシュボードには少なくとも2つの利点があります。1つ目は、指標を1つの場所で並べて見れることです（紙でも画面でも構いません）。2つ目は、相関関係を見ることで、特定の指標に不適切に最適化していないかを把握できることです。たとえば、リードタイムを短縮しながら、顧客満足度まで低下していたら、それは部分最適化です。あるいは、品質を上げるために重要度3と4の欠陥を完全に排除しようとして、

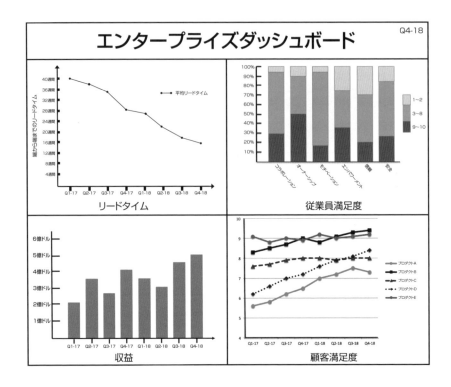

図20-10：エンタープライズダッシュボード

リードタイムが大幅に長くなるというのも、部分最適化です。

　共有されたダッシュボードがあれば、何を計測しているのかが明確になり、何が起きているかを従業員が直接理解することができます。ダッシュボードを使って、指標を全員に明らかにすることを強く推奨します。また、指標は異なる頻度（日次、週次、スプリントごと、月次、四半期ごと、半年ごと、年単位）で収集することも忘れないでください。

20.6　成功指標は何か？

　アジャイルの成功指標について考えることが重要です。本章の内容は、指標をすばやく確立するのに役立つでしょう。これにより、アジャイルの見える化がもたらされ、さらに重要な顧客価値、デリバリーのスピード、満足度に向かって進んでいくことができます。遅行指標から先行指標への道筋と、企業レベルとプロダクトレベルの見え

る化を実現する指標を確立できるようにしましょう。

　ダッシュボードを用意すれば、重要な指標を1つの場所で並べて見ることができ、特定の指標に不適切に最適化していないかを把握できます。成功指標は、顧客価値の方向に進んでいるかを判断するのに役立ちます。これらの指標は、インサイトを提供し、意思決定を支援し、軌道修正が必要かどうかの判断を可能にします。

第21章
アジャイルで使える人事制度を考案する

> アジャイルな世界、価値駆動企業の未来、幸せで生産性の高い従業員を支援するために、人事部は自らの役割を再構築する。
>
> —Mario Moreira

アジャイルでは「従業員が大切」が重要な原則です。人事部（HR）は、従業員を支援したり、彼らのモチベーション、生産性、成功を支える環境を構築したりするために存在します。HRには、従業員に価値をもたらす機会があります。アジャイルがプロダクトの構築に漸進的なアプローチを求めるように、HRのシステムも従業員の成長に合わせてニーズに対応できるように、仕事のやり方を漸進的にする必要があります。

従来のパフォーマンスマネジメントは主観的です。人事評価はその人のスキルを見ているというよりも、マネジメントがどのように見ているかによって決まります。また、フィードバックがタイムリーではありません。6月から生じている問題を取り上げるために12月まで待たなければいけないとしたら、それはパフォーマンスマネジメントではなく、単なる罰です。また、チームや全体的な成功を犠牲にして、個人間での競争を推進するようなシステムを見たこともあります。主観的な評価と個人中心のアプローチは、アジャイルのマインドセットの障害物です。

HRのチームは、アジャイルにおけるリーダーシップの役割を果たし、従業員のため

に次世代の支援的な環境へと移行するものでなければいけません。むしろ、移行したいと考えていなければいけません。図21-1に示しているように、これには「アジャイルのマインドセットを促進する」「発見的なマインドセットを促進する」「モチベーションの実験をする」「セルフマネジメントを探求する」「サーバントリーダーシップを育成する」「顧客に近づく」「オープンスペースをファシリテートする」「ゲーミフィケーションを取り入れる」「アジャイルの役割に移行することを支援する」「チームベースのパフォーマンスに移行する」「継続的に従業員のフィードバックを取り入れる」「アジャイルなマインドを持つ従業員を採用する」が含まれます。

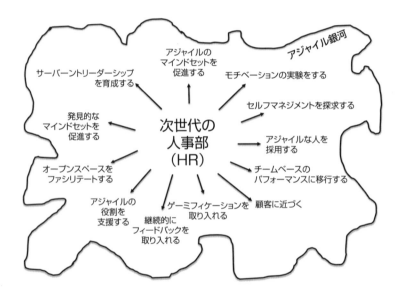

図21-1：次世代の HR

21.1　HRがアジャイルを推進する

　アジャイルのマインドセット（「従業員が大切」）に向かって企業を動かしたときは、HRが従業員のコーチやメンターになるべきです。チームを成長させるベテランのチームメンバーやマネージャーも存在しますが、HRは従業員のより大きなニーズを把握して、従業員プログラムを構築するためのパターンを見つけます。

　HRは継続的にいくつもの手段で従業員に接触しなければいけません。たとえば、1

on 1 で成長を支援・コーチしたり、オープンスペーステクノロジー（OST）でみんなの考えやアイデアを共有してもらい、従業員の福利厚生制度を支援したりします。HRは企業において、セルフマネジメントやサーバーントリーダーシップを推進するコーチなのです。

アジャイルと発見的なマインドセットを推進する

HRはアジャイルのフレームワークとマインドセットにもとづいて、新しいプログラムを推進することができます。第10章で説明した漸進思考、実験思考、発散・収束思考、フィードック思考、デザイン思考などの発見的なマインドセットを適用して、HRはアジャイルと発見的なマインドセットに変革することを支援する立場にあります。

アジャイルピットイン
HRは、アジャイルと発見的なマインドセットの教育を推進し、新しく入社した社員のオリエンテーションプログラムにも組み込みます。

HRは、アジャイルと発見的なマインドセットにまつわる要素の教育を推進します。この教育は、新しく入社した社員のオリエンテーションプログラムにも組み込みます。アジャイルコーチとチームになり、適切なレベルの教育を決定し、教育と経験によってアジャイルの知識を定期的に構築する方法を定めることもできます。

モチベーションの実験をする

HRは、人事の施策について実験するために、リーダー・革新者・推進者になることができます。従来のHRの施策やプログラムは、若い従業員たちからすると魅力が薄れてきており、HRのパフォーマンスマネジメントシステムは個人の動機付けができなくなっていることが、次第に明らかになってきています。

『モチベーション 3.0』の著者ダニエル・ピンクなどのビジネス思想家たちは、外発的動機付けよりも内発的動機付けを強調しています。ピンクは「報酬と罰」の使用は時代遅れであると主張しています。そして、自律性、熟達、目的を考慮に入れることを提案しています。HRのリーダーたちは、こうした新しい考え方を実験・経験して、従業員の幸福と士気を高め、企業に生産性をもたらす動機付けを特定することが

重要です。

アジャイルにフォーカスした企業は従業員を大切に扱うため、HRに発見的なマインドセットを適用することで、従業員に求められる行動のトーンを設定できます。また、企業に最適なものを見つけるため、従業員に実験に参加してもらうこともあります。360度パフォーマンス評価は機能していますか？　アジャイルのマインドセットを備えた人を採用するときは、どのような質問をしますか？　チームベースのパフォーマンス目標は、これからもチームメンバー個人のモチベーションにつながりますか？

セルフマネジメントを探究する

セルフマネジメントは比較的新しい概念であり、マネジメントせずに人を動かすことを求めるものです。特定の領域について最も情報を持っている人たちが意思決定できるように、権限範囲を委譲します。

アジャイルピットイン
HRは、まずは自分たちのグループでセルフマネジメントを実験し、それから企業がセルフマネジメントを実現できるように、障害物の発見と除去を支援していきます。

セルフマネジメントに相対するのは、トップダウンの階層的な意思決定を行う従来型のマネジメント構造です。セルフマネジメント型の企業では、マネジメントレベルは薄く、従業員は自主的であり、意思決定をする権限が与えられているため、とても幸せです。また、セルフマネジメントによって、デリバリーの流れと改善が最適化されます。情報の少ないトップダウンの意思決定を待つ必要がなく、階層的な従来型のマネジメント構造が実質的に排除されているからです。

セルフマネジメントは企業運営に直接的で大きな影響をおよぼすため、HRが強い役割を果たすことができる領域でなければいけません。まずは、HRがセルフマネジメントの仕組みを学びましょう。そして、セルフマネジメントを実験する雰囲気を作りましょう。HRグループ内でセルフマネジメントを調査してみてから、マネジメントやチームに範囲を広げ、セルフマネジメントを実現するための障害物を除去していきましょう。セルフマネジメントの良質な情報源としては「Morning Star Self-Management Institute」などがあります。

サーバーントリーダーシップを育成する

　サーバーントリーダーシップのマインドセットをマネジメントに提供すると、リーダーとチームと上司の関係性が強化されます。それにより、ロイヤリティと生産性が向上します。サーバーントリーダーシップは従業員に優先的にサービスを提供するものです。先頭に立ってチームに指示を与えるのではなく、やるべきことのオーナーシップを共有しながら、背後からリードしていきます。

　ロバート・K・グリーンリーフとラリー・C・スピアーズの著書『サーバーントリーダーシップ』では、サーバーントリーダーシップの 10 の特性（「傾聴」「共感」「癒し」「気づき」「納得」「概念化」「先見力」「執事役」「人々の成長への関与」「コミュニティ作り」）を紹介しています。これが、企業のリーダーに対する教育の基本となります。

アジャイルピットイン
HR は、企業にいるサーバーントリーダーシップを見つけるべきです。サーバーントリーダーシップを発揮する者は、他人の手柄とすることを選択することが多く、あまり目立つことがありません。

　L・デビッド・マルケは、著書『米海軍で屈指の潜水艦艦長による「最強組織」の作り方』のなかで、真のリーダーシップはコントロールを握ることではなく、コントロールを与えることだと強調しています。これにより、士気とパフォーマンスが向上し、把握しなければいけないことが少なくなるのです。この本の情報は、真のサーバーントリーダーシップの事例として参考になります。

　サーバーントリーダーシップを習得して実験できたならば、HR は本格的に企業にサーバーントリーダーシップを取り入れ、促進することができます。サーバーントリーダーシップを発揮する者は、あまり目立つことがなく、注目が集まることを避け、他のチームメンバーの手柄とすることを選択します。したがって、HR が企業にいるサーバーントリーダーシップを発見するべきです。自分がサーバーントリーダーかどうかを判断するには「他人に奉仕しているか？　自分を優先しているか？」と質問してみましょう。

> **サーバントリーダーシップを推進するエクササイズ**
> 複数人のマネージャーを選んでください。サーバントリーダーシップの「10の特性」のセッションを準備しましょう。マネージャーたちにサーバントリーダーシップについて説明してから、一緒に議論してみましょう。それぞれの特性について、マネージャーの反応（肯定的なものと否定的なものの両方）をよく聞くことが目的です。

顧客に近づく

　顧客価値に近づくために、第2章で説明した顧客と従業員との「2次の隔たり」の関係をHRは強調します。HRに求められるのは、チームが作っているプロダクトに触れたり、デモやスプリントレビューに参加して対象となる顧客に会ったり、実際にプロダクトを使用している顧客を訪問したりすることです。

　HRが顧客の視点を持つことには、2つの利点があります。1つ目は、チームがどのように顧客と一緒に働き、顧客の知見を獲得しているかを直接体験できることです。2つ目は、この経験を利用して、従業員のニーズを理解できるようになることです。そうすれば、発見、実験、インクリメント、フィードバックなどを使いながら、顧客が必要とするものをわかったつもりになる「確実性の思考」を避け、うまく学習してもらうことを推進できるようになります。

オープンスペースをファシリテートする

　オープンスペーステクノロジー（あるいはオープンスペース）は、複雑なテーマや問題にフォーカスした自己組織化グループを短期間で構築する手法です。オープンスペースは、事前計画をあまり必要としない「アンカンファレンス」を開催するものでもあります。HRのテーマや問題としては、「パフォーマンスの向上」や「福利厚生制度」などになるでしょう。

> **アジャイルピットイン**
> オープンスペースとは、事前の準備をできるだけ避け、参加者が自己組織化的にトピックを選択する「アンカンファレンス」を開催するための手法です。

　オープンスペースのアジェンダは、セッションの開始時にトピックが明らかになっ

てから、決まっていくものです。あるいは、テーマを共有してから、そのテーマに関連したトピックや問題を求めることもできます。参加者たちは、自分が大事だと思うトピックに集まり、そのトピックに対する自分の考え、アイデア、ソリューションを提供します。アジャイルとオープンスペースの手法を学ぶことで、HR はオープンスペースのセッションのファシリテーターとしての役割を果たし、オープンスペースを活用するチームを支援することができます。さらに詳しく知りたければ、ハリソン・オーエンの著書『オープン・スペース・テクノロジー』を読んでください。また、第 22 章でも実際のようすを紹介しています。

ゲーミフィケーションを取り入れる

「ゲーミフィケーション」とは、ゲームの要素を非ゲームの環境に取り入れる考え方です。これを使うことにより、従業員にエンゲージしたり、モチベーションを高めたり、パフォーマンスや行動を改善したりできるようになります。従業員が一定のパフォーマンスレベルを達成したら、ポイント、バッチ、名誉といったもの、時には金銭的なインセンティブを与えます。最初は外部的動機付けとなりますが、アジャイルを受け入れ、顧客価値にフォーカスする人材に企業が報いる方法の 1 つです。

ゲーミフィケーションで重要なのは、明確なビジネス目標を設定することです。アジャイルの文脈では、従業員がアジャイルの推進者となり、アジャイル文化を実現することが目標になるでしょう。ゲーミフィケーションによって、従業員にアジャイルの教育に関与してもらうこともできます。最初はトレーニングを受けてもらうことになるでしょうが、少しずつ従業員にアジャイルの推進者になってもらうのです。ゲーミフィケーションを導入するときは、達成が現実的であり、従業員の仕事に役立つものであり、企業の目的と合致するものにしてください。

21.2 アジャイルの役割に移行することを支援する

アジャイルな職場に移行すると、これまで主要だった役割が変化します。たとえば、プロダクトオーナー（PO）がプロダクトの価値や意思決定の責任者となります。そうすると、従来のプロジェクトマネージャーの必要性が少なくなり、スクラムマスター、ファシリテーター、コーチなどの新しい役割が求められます。

アジャイルピットイン
HRは、アジャイルの役割を十分に理解して、役割について説明し、役割を変更する人たちをサポートする必要があります。

　今後はPOからバックログ経由で仕事がやってくるため、これまで仕事の仲介役だったミドルマネージャーは役割を変える必要があるでしょう。彼らは、従来はパフォーマンス評価をしていた人たちでもあります。階層的な世界からフラットな世界に移行するので、ミドルマネージャーたちは特に戸惑うかもしれません。

　HRは、役割を変える人たちを支援する立場です。アジャイルの役割を十分に理解して、役割について説明し、役割を変更する人たちをサポートする必要があります。アジャイルの役割については、第8章で説明していますので、そちらを読んでください。

標準書式で目標を書く

　パフォーマンス目標を記述する方法は数多くあります。草案はできるだけ客観的に書きましょう。HRとしては、ユーザーストーリーの標準書式を推奨するといいでしょう。

　第18章で説明したように、標準書式はユーザーストーリーを文書化する言語構成要素です。「誰」や役割（〜として）、「何」やアクション（「〜したい」）、「何」やビジネスのメリット（それは〜のためだ）を記述します。図21-2に示すように、標準書

```
スクラムチームのマスターとして、
スプリントプランニングでチームと一緒にストーリーポイントで見積もりしたい。
それは、スプリントのベロシティやストーリーの複雑さについて、チームの合意を得るためだ。

スクラムマスターとして、
サーバーントリーダーシップの特性を示したい。
それは、チームを自己組織化する支援をするためだ。

プロダクトオーナーとして、
プロダクトバックログの優先順位を継続的に調整したい。
それは、スクラムチームに着手すべきユーザーストーリーを把握してもらうためだ。

アジャイルコーチとして、
プロダクトチームのコーチやメンターとなりたい。
それは、アジャイルのマインドセットを身に付けてもらうためだ。
```

図21-2：標準書式で書いたパフォーマンス目標

式を使うと客観的かつ効果的に目標を記述できます。

標準書式で目標を記述したら、さらに具体的なタスクへと分割できます。標準書式のおもしろい使い方だと思われるかもしれません。

別のやり方としては「OKR（Objectives and Key Results）」を使うアプローチもあります。目標（Objectives）は、求める成果を定性的に、期間を決めて、実行可能な方法で記述します。主な結果（Key Results）は、目標を達成したかどうかを把握するために、3〜5つの文章を定量的に、具体的に、計測可能な方法で記述します。

OKRは、企業から部門、チームから個人へと流れていきます。上位のレベルをサポートできるように、各レベルで洗練していかなければいけません。みんなを革新的にするためには、OKRの3分の2だけを期間内に完了させてもらいましょう。OKRについて詳しく知りたければ、Paul R. NivenとBen Lamorteの著書『Objectives and Key Results』やChristina Wodtkeの著書『Radical Focus』を読んでください。

チームベースのパフォーマンスに移行する

アジャイルはチームにフォーカスしているので、パフォーマンスの目標と評価はチームベースで行うべきです。従来のパフォーマンス評価モデルは、ほぼ100%が個人ベースです。個人ベースの目標を持った従業員は、個人の報酬や保障を目当てに行動します。アジャイルチームのマインドセットとは正反対です。HRは、企業がチームベースの目標に移行することを支援できます。そのためには、個人の成功よりもチームの成功を選択するように促すしかありません。

いくつかの理由により、すぐにチームベースの目標に移行するのは難しいかもしれません。パフォーマンスマネジメントシステムが複数人（チーム）の共通の目標に対応できない場合や、個人ベースの目標を考慮したい場合は、一定の割合を振り分ける必要があるでしょう。チームベースのパフォーマンスに向けて、漸進的なアプローチが必要な場合もあります。チームベースの目標を100%にすることが難しければ、50%から開始してください。少なくともチームで成功するインセンティブになるでしょう。

年単位のパフォーマンス評価から移行する

年単位のパフォーマンス評価をやめて、頻繁に会話をする企業が増えてきています。また、個人ベースのパフォーマンスシステムを助長するため、強制的ランクづけ（forced rankings）からも離れています。年単位のパフォーマンス評価の問題点は、新しい改善や成長よりも、過去のパフォーマンスにもとづいて報酬や罰を与えることです。

HRは、企業が従来の年1～2回のパフォーマンス評価から離れることを支援します。まずは、パフォーマンス評価を毎週あるいは隔週にしましょう。そして、マネージャーと従業員が継続的かつ協調的に、目標・課題・進捗・学習について議論します。マネージャーからの継続的なフィードバックを手に入れることで、従業員がパフォーマンス評価で驚かないようにすることが目的です。

アジャイルピットイン
HRは、企業が年単位のパフォーマンス評価から離れ、継続的なフィードバックモデルに移行することを支援します。

これらのパフォーマンス評価は控えめなものにして、従来の「ビッグバン」のやり方を置き換えるものでなければいけません。マネジメントと従業員の両方が努力して透明性を確保し、階級や報酬について説明したときに驚かないようにすべきです。結局のところ、パフォーマンス評価プロセスは、重苦しく、否定的で、厄介なものから遠ざかり、進捗と従業員のニーズについて議論する継続的で協調的なものに進化すべきです。

従業員の進捗を把握する

アジャイルはチームに権限委譲をもたらします。そうした環境では、マネージャーは従業員の行動の把握が難しくなります。マネージャーは、進捗と学習にフォーカスしながら、継続的かつ協調的にパフォーマンスについて議論すべきであることを学ばなければいけません。

課題は2つあります。1つ目は、従業員はもはやマネージャーから作業指示を受けていないことです。その代わり、バックログを見ながら作業を進めています。2つ目は、

従業員はチームにコミットしているため、マネージャーから作業が見えにくくなっていることです。では、どうすればマネージャーは1次情報を取得できるのでしょうか?

たとえば、デイリースクラムに参加して、チームメンバーが共有する進捗に静かに耳を傾けるといいでしょう。スプリントレビューでは、デモされたものを見ながら、進捗を静かに確認します。「静かに」のところが重要です。アジャイルのプラクティスはマネージャーのためのものではなく、顧客価値の向上と進捗を生み出すためのものです。

21.3　アジャイルのマインドを持つ従業員を採用する

アジャイルのマインドを持つ従業員を採用するときは、内発的動機付けがあるかどうかにフォーカスします。給料が高いことや同僚と同じだけもらっているかといった外発的な動機付けもありますが、基本条件を満たすなら、その仕事に対して内発的に動機付けされる従業員を探すべきです。

これは、簡単なことではないかもしれません。仕事を単なる「仕事」だと思っている従業員もいます。つまり、家庭生活、趣味、友人たちとの付き合いを楽しんでおり、仕事に対して内発的動機付けが少ないのです。これは、善し悪しではありませんが、事前に認識しておくべきことです。

仕事を「キャリア」だと思っている従業員もいます。家庭でも内発的動機付けを持っているかもしれませんが、仕事でも自分の能力を向上させる内発的動機付けを持っているのです。彼らは、品質の高いプロダクトを生み出す誇りと、チームの全員をよくすることの理念を持っています。

従業員を大切にする文化を築きたいなら、内発的に動機付けされた従業員がいれば実現できるでしょう。ここで疑問となるのが、内発的に動機付けされた従業員を採用するときに、HRは何を求めるべきかです。これについては、自律性、熟達、目的についての考えを聞きましょう。たとえば、以下のような質問をするといいでしょう。

- 何を学んでいますか?
- 最後に読んだ記事は何ですか?
- 何について興味がありますか?

- 習得したいと思っているスキルはありますか?
- 仕事の自律性についてどう思いますか?
- プロダクトを作るときに、顧客はどのような役割を果たしますか?
- コラボレーションを促進する方法は何ですか?

一般的には、質問される側が、仕事で大切にしていること、意義があると感じること、仕事の進捗を示す方法、熟達につながる方法について、話を広げられるような質問しましょう。内発的動機付けと外発的動機付けについては、第7章で説明しています。

21.4 パフォーマンスエクセレンスに向かっているか?

HRは、アジャイルの世界と顧客価値を提供する企業において、まったく新しい役割を果たします。従来の年単位のパフォーマンスマネジメントでは、絶えず変化する従業員のニーズに対応できません。「従業員を大切にする」はアジャイルの重要な原則です。HRは、従業員をサポートし、彼らのニーズに合わせた次世代の人事環境を構築することができます。

アジャイルと発見的なマインドセットの推進、従業員の動機付けとセルフマネジメントの実験、サーバーントリーダーシップの育成、顧客に近づくこと、オープンスペースのファシリテート、ゲーミフィケーションの導入、アジャイルの役割への移行支援、チームベースのパフォーマンスへの移行、年単位のパフォーマンス評価から継続的フィードバックへの移行、アジャイルのマインドを持った従業員の採用などの組み合わせによって、HRは従業員のモチベーション、生産性、成長に役立つことができます。ここで疑問となるのは、企業は次世代のパフォーマンスエクセレンスと人材を目指して適応できているか? ということです。

21.5 参考文献

- "Drive: The Surprising Truth about What Motivates Us" by Daniel H. Pink, Riverhead Books, 2011（邦訳『モチベーション3.0』講談社）
- "Turn your Ship Around!: A True Story of Turning Followers into Leaders" by L. David Marquet, Portfolio, 2013（邦訳『米海軍で屈指の潜水艦

艦長による「最強組織」の作り方』東洋経済新報社）

- "Objectives and Key Results: Driving Focus, Alignment, and Engagement with OKRs" by Paul R. Niven and Ben Lamorte, Wiley, 2016
- "Radical Focus: Achieving Your Most Important Goals with Objective and Key Results" by Christina Wodtke, Boxes and Arrows, 2016
- "Morningstar Self-Management Institute", http://www.self-managementinstitute.org/about/what-is-self-management
- "Open Space Technology: A User's Guide" by Harrison Owen, Berrett-Koehler Publishers, 2008（邦訳『オープン・スペース・テクノロジー』ヒューマンバリュー）

第22章
アジャイルエンタープライズの物語

> アジャイルにおけるストーリーテリングは、アジャイルがどのように機能するのか、それほど遠くない未来にどこまで行けるのか、そうした窓口を開く素晴らしい方法である。
>
> —Mario Moreira

　以前、OnHigh という会社がアジャイルを実践していました。従業員は何をやっているのかよくわかっていませんでしたが、少なくともアジャイルの構造は忠実に守っていました。数年後、いくつかの改善は見られましたが、求めていた成果は達成できませんでした。アジャイルを導入すれば、優位性がもたらされ、ビジネスが成功すると信じていたのです。

　いくつかのチームにアジャイルに熱心な人たちがいて、アジャイルの構造だけではうまくいかないので、その背景にまで目を向けるようになりました。彼らは、アジャイルの価値と原則に目を向けるように提案しました。いきなりプロセスを導入していたことに気づいたからです。これで方向性が少し変わりました。彼らが学んだのは、従業員のほとんどは原則を肯定的に受け入れてくれた一方で、受け入れる準備ができていない人たちがいたことです。特にマネージャーの人たちでした。

　特に受け入れられなかった原則は「要求の変更はたとえ開発の後期であっても歓迎

します」でした。「歓迎」を「必ず変更を受け入れる」と解釈していたのです。「歓迎」とは、新しいアイデアを聞く機会を作り、体系的に優先順位を決定することだと説明すると、ほとんどの人たちは納得してくれました。ですが、他にも議論すべきことがありました。

22.1 オープンスペースによるアンカンファレンス

彼らはオープンスペーステクノロジー（OST）を使い、顧客価値を提供する際のアジャイルの共通の課題を特定することにしました。アジャイルを実践しているチームに参加を呼びかけました。まずは、ファシリテーターが原則と設備について説明しました（図22-1）。

図22-1：オープンスペースセッションの実施

参加者たちは、OSTのマーケットプレイスにアイデアを貼り付けました。3つの時間枠が作れるだけのアイデアが集まりました。最初の時間枠が始まると、参加者たちは興味のあるトピックへ自己組織化的に移動しました。その後、「主体的移動の法則」を使い、興味のレベルに合わせてトピックを次々に移動していきます。

時間枠が終わると、ファシリテーターが「イブニングニュース」を共有しました。3ラウンドが終わると、ファシリテーターのメモが集められ、セッションは終了しました。その後、図22-2のようなまとめレポートが用意されました。

> **まとめレポート「アジャイルと顧客価値に向き合う」**
> - 全員がアジャイルの変革に参加しているわけではない（特にマネジメント）。
> - 年単位の計画サイクルでは優れたアイデアが（次の計画まで）1年も待たされることに気づいた。
> - 価値の計測や作業の優先順位の方法がないので、すべてが同等に扱われている。
> - 多くのアイデアがビッグバンプロジェクトで構築されている。反復開発も適用しているが、チームはすべてを構築する必要があると感じている。
> - 顧客フィードバックループが少ない。フィードバックがうまく取り入れられていない。
> - 顧客のこと（誰が顧客で、モチベーションは何で、どのようにプロダクトを使っているのか）を理解している人がほとんどいない。
> - プロダクトオーナーが配置されたが、優先順位はマネージャーが決定している。
> - 長期的なリードタイムよりも、短期的な開発サイクルにフォーカスしている。
> - 作業の担当を変えるために頻繁にチームを再編成するため、常にチーム作りが必要となっている。
> - チームが自分たちの仕事をコントロールできていないと感じている。
> - 顧客について何もわからないはずなのに、顧客が望むものが確実に把握できていると思っていることに驚く。
> - アジャイルが何であるか（何でないか）について、共通の理解を提供する教育がない。
> - 予算とプロジェクトが年単位で決められているので、途中で価値の高い仕事が入ってきても予算やチームに余裕がないことが多い。
> - 稼働率が100%なので、アジャイルなコミュニティに関わったり、イノベーションに費やしたりする時間がない。
> - 価値や作業の流れではなく、コストとスケジュールにもとづいて評価している。
> - 企業戦略とチームが取り組んでいる作業に関連性がない。

図22-2：オープンスペースセッションのまとめレポート

　これにより、かなり明確な結論が導き出されました。アジャイルがもたらすビジネスメリットを企業が手に入れるためには、文化的な変革について真剣に考えなければいけないということです。この企業の場合は、アジャイルのスポンサーになってくれるシニアリーダーがいて、アジャイルコーチの小さなチームを作る予算を工面してくれました。そして、アジャイルエンタープライズの経験を持つコンサルタントを招き、社内の希望する3人をアジャイル推進者に任命しました。このコーチの集団は「アジャイル推進チーム」と名付けられました。

22.2　アジャイルな旅のインクリメント

　アジャイル推進チームの2つの原則は「顧客価値駆動」と「従業員重視」でした。これから導入するすべての活動のリトマス試験として、これらの原則を使用しました。つまり、この活動は顧客価値につながっているか？　従業員に権限を与えるものか？と自分たちに問うのです。

　推進チームは小規模なので、アジャイルを導入するまでに段階的なアプローチを取りました。このようにして、先へ進む前にそれぞれのインクリメントの結果から学んでいきました。プロダクトを段階的に構築するアジャイル開発手法と似ています。図

22-3に示すような「学習」「成長」「加速」「変革」「持続」のアジャイル導入アプローチを採用しました。

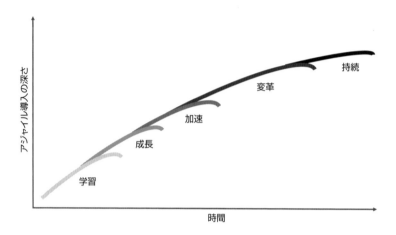

図22-3：アジャイル導入の段階的なアプローチ

学習

「学習」では、企業がフォーカスしている価値の理解、関係する人たち（従業員）の理解、学習の提供（アジャイル教育）にフォーカスしました（図22-4）。まずは、アジャイルの観点から、企業がどこにいるのかを理解するために、ベースライン作りに着手しました。オープンスペースのレポートを取り入れ、企業が顧客価値や従業員エ

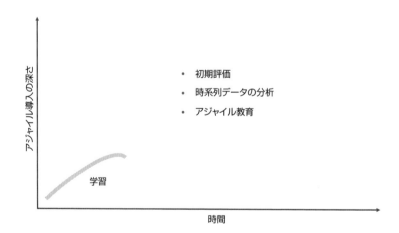

図22-4：「学習」では、顧客価値と従業員について学び、教育を提供する

ンゲージメントにフォーカスしているかを判断するために、主要なリーダーたちにインタビューすることにしました。

　価値に関する質問では、価値をどのように計測しているのか、顧客フィードバックによってどのように検証しているのかにフォーカスしました。そこには、アイデアを記録してからリリースするまでの時間など、基準となる既存のデータも含まれました。従業員に関する質問では、特に自己組織化チームに注目しながら、コラボレーション、オーナーシップ、モチベーション、情熱、信頼、安全にフォーカスしました。

　コーチたちは企業について学習しながら、アジャイルに興味を持った人たちの心の準備のために、アジャイル教育を提供しました。これには、アジャイルの価値と原則、顧客価値駆動企業、現在のアジャイル銀河（第4章）のようすなどが含まれました。

　このインクリメントの結果は、企業全体で顧客価値にあまりフォーカスしていないことを示すものでした。アジャイルや自己組織化チームについて理解しているところもわずかでした。また、顧客価値の提供までのリードタイムは長く、約28か月かかっていました。

成長

　「成長」は、物事がおもしろくなるところです。図22-5に示すように、ここでは教育と実験にフォーカスします。初期評価によって、市場にすばやく対応する必要が

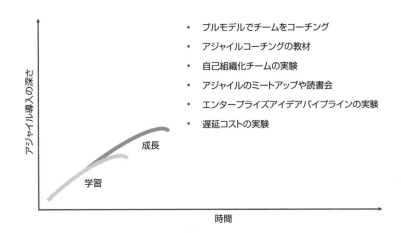

図22-5：コーチング、教育、実験によってアジャイルの知識が増える

あることを企業が認識している、という十分なデータが手に入りました。アジャイル推進チームのコーチは、プルモデルで仕事をすることにしました。つまり、アジャイルの支援を求めたチームからコーチすることにしたのです。アジャイルに対する熱意があるところほど、アジャイルによる変化を自ら受け入れる可能性が高いと考えました。コーチは、チームが権限範囲で実験を開始し、仕事に対して自己組織化できるように支援しました。

　アジャイル推進チームのコーチは、教育プログラムを作るところから始めました。そこには、顧客価値を高めるためにすばやく何度も提供すること、デリバリーを高速化するために端から端までの流れを最適化すること、フィードバックループの高速化によって品質を高めること、従業員のモチベーションとオーナーシップを向上すること、コーチングについて理解すること、変化を推進する方法を学習することなどを含めました。そして、アジャイルの18のトピックについて、数週間のアジャイルコーチングの教材を作りました。長いように思われましたが、学習には一定の期間が必要であり、企業を変革するのはそれほど大変なことなのです。

　続いて、アジャイル推進チームのコーチは、企業内で定期的なアジャイルミートアップを開催しました。特定のアジャイルトピックについて扱うものであり、すべての従業員が参加できます。前半は「Lean Coffee」の形式で、後半は参加者に議題を決めてもらいました。これによってコーチは、アジャイル導入における関心の高いトピックを把握できました。

　「成長」の最大の関心事は、エンタープライズアイデアパイプラインモデルを試すことでした。これには、アイデアのポートフォリオを構築し、遅延コスト（CoD）を適用して、アイデアの優先順位を決定することが含まれました。これによって、価値の低い作業に着手しながら、価値の高い作業がパイプラインに待機状態となっていることが、リーダーに可視化されました。リーダーやチーフプロダクトオーナーを対象にした教育と実験は、企業の特性に合わせ、顧客価値駆動モデルを中心に扱うことになりました。ここから、アジャイルな予算編成の枠組みが形成されました。

加速

　「成長」のインクリメントからのフィードバックは肯定的なものでした。教育がプロダクトだけでなく、価値・発見・流れ・実験・品質などの概念についても触れてい

たことをチームに気に入ってもらえました。「成長」によって、アジャイルの教育とコーチングの需要が増えたことが明らかになりました。「成長」の実験は必ずしも成功したとは限りませんが、学習によってアイデアパイプラインと遅延コストを導入できました。「加速」では、コーチングと実験を広げることができました（図22-6）。

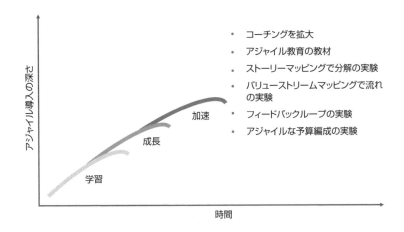

図22-6：コーチングなどを広げることでアジャイルの導入を加速できる

　プルシステムにより、アジャイル推進チームのコーチは、チームやリーダーにコーチングを拡大しました。また、再びプルシステムによって、教育を必要とする従業員やチームに対して、正式な教育プログラムを提供する実験をしました。そして、アジャイルの8つのトピックについて、数週間のアジャイル実践者の教材を作りました。そこには、発見的なマインドセット、顧客価値を高めるためにすばやく何度も提供すること、デリバリーを高速化するために端から端までの流れを最適化すること、フィードバックループの高速化によって品質を高めることなどを含めました。これらは、実践ベースの教育でした。トピックについて学習したあとは、さらに学習を深めるために学んだ知識をチームに適用します。それが、アジャイルの導入につながっていきます。

　コーチは、チームのためにストーリーマッピングの実験を開始して、インクリメントの分割やカットを改善しました。これは、企業レベルのアイデアとチームレベルのユーザーストーリーのギャップを埋めるためです。これにより、従業員は要求ツリー（戦略、アイデア、インクリメント、エピック、ユーザーストーリーの流れ）を理解できました。さらに、時系列データによって、価値の高いアイデアが長期間、待機中に

なっていることがわかりました。いくつかのプロダクトラインでバリューストリームマッピングを実験して、プロセスの効率化を理解しました。その後、ボトルネックと待ち状態を解消していきました。

アジャイルピットイン
アジャイル変革の初期段階での実験は、あなたと企業に適したものを発見する優れた方法です。

　顧客価値に合わせるためには、顧客フィードバックが必要であることが明らかになりました。いくつかのチームが、顧客フィードバックループを試してみたいと言いました。コーチは喜んで実験をサポートしました。顧客フィードバックビジョン（第 14 章）を適用して、顧客のペルソナと価値の高いフィードバックの場所を理解してもらいました。

　次の 6 か月は、エンタープライズアイデアパイプラインと遅延コストの実験を続けることになりました。そのため、アジャイルな予算編成（第 19 章）についても実験したほうがいいと思うようになりました。価値の高いアイデア（需要）に供給を適応するためです。リーダーと財務部門は、アジャイルな予算編成の学習・実験を開始しました。

変革

　「加速」からのフィードバックが肯定的だったので、企業は「変革」に移行しました。ここでは、図 22-7 のように、3 つのインクリメントにフォーカスしました。1 つ目のインクリメントでは、役割の進化、コーチングの拡大、価値をリードするプロダクトオーナーの教育、HR のエンゲージメント、企業全体のアジャイルへのコミットにフォーカスしました。2 つ目のインクリメントでは、リーダーシップの教育、作業の依存関係、成功指標にフォーカスしました。3 つ目のインクリメントでは、教育の拡大、外部ベンダーへのアジャイルの適用、アジャイルの状況の評価にフォーカスしました。

変革 1

　「変革」の最初のインクリメントは、アジャイルにコミットしている多くのチーム

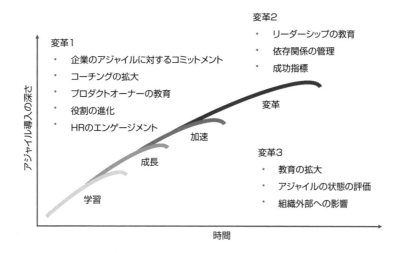

図22-7：変革の3つのステージ

（ボトムアップ）とリーダー（トップダウン）から始まりました。誰もアジャイルにコミットしろと言ったわけではありませんが、全体的なコミットメントのバランスは良好でした。

　アジャイルに興味を持つ人たちが増えてきたので、コーチングを拡大する必要がありました。アジャイルのスポンサーが、アジャイル推進チームに4人のコーチを追加することに同意してくれました。2人は新たに外部から、2人は内部のアジャイル推進者を採用しました。彼らはアジャイルコーチングの教材で教育しました。

　教育は、顧客価値を提供する責任者にフォーカスしました。つまり、プロダクトオーナーやプロダクトマネージャーです。プロダクトオーナーの教育は、ペルソナを使った顧客の理解、遅延コストによる価値の特定、前提を疑うこと、顧客フィードバックループの構築にフォーカスしました。

　また、役割の進化にもフォーカスしました。コーチ、マネジメント、チームが、いくつかの役割が変化していること（プロダクトオーナーの必要性、プロジェクトマネージャーからスクラムマスターへの移行、マネジメントの役割の進化など）に気づいたからです。HRは、役割の進化とアジャイルの導入において、自らの責任を果たすべきであることを認識しました。また、信頼構築、従業員のモチベーションの向上、コラボレーションの推進など、従業員を活性化させる要素を理解し始めました。それか

ら、「学習する企業」を構築する重要性を認識したことにより、発見的なマインドセットの理解と実験への参加を始めました。

変革2

「変革」の2つ目のインクリメントは、リーダーシップ（エグゼクティブやミドルマネージャー）の教育、チームやアイデアの依存関係の管理、成功指標の構築と運用にフォーカスしました。エグゼクティブとマネージャーのための教育は、アジャイルエンタープライズにおける役割の理解、エンタープライズアイデアパイプラインのサポート方法、顧客価値とフィードバックを使ったチームへのエンゲージメントの方法を組み合わせたものでした。

アジャイルピットイン
エグゼクティブとマネージャーのための教育は、アジャイルエンタープライズにおける役割の理解、エンタープライズアイデアパイプラインのサポート方法、顧客価値を使ったチームへのエンゲージメントの方法にフォーカスするべきです。

エンタープライズアイデアパイプラインを使ったときに、いくつかのアイデアについては、「記録」から「洗練」ステージの早い段階で、複数のチームの協力が必要なことが明らかになりました。このことは、1つのチームが複数の領域で作業する「稲妻型のチーム」の促進につながりました。また、他のチームへの依存を減らすために、クロスファンクショナルなスキルをチームに組み込んで再編成することもありました。これは、エグゼクティブとマネージャーがチーム間の依存関係を減らすために何が有効かを学ぶときに、実験したところから始まりました。

マネジメントが障害物を取り除いて流れを最適化する役割を果たしたときに、アイデアの「記録」から「リリース」までの時間（リードタイム）にフォーカスしました。さらに、承認、手渡し、待機などを減らす方法を探すことについてもフォーカスしました。これには、プロダクトオーナーやチームが、アイデアから価値のインクリメントを分割したりカットしたりすることも含まれていました。

最後に、顧客価値の成功指標に関する活発な議論がありました。最初の議論では、結果よりも成果を計測する重要性にフォーカスしました。続けて、成果は遅行指標なので、先行指標が必要であることを議論しました。顧客価値の指標としては、CoD、デモに参加する顧客、顧客満足度、リードタイムの追跡、顧客収益（成果指標）を用

いた価値曲線がありました。ここには、従業員満足度も含まれていました。また、進捗の相関関係を把握し、過度な計測による部分最適化を回避し、意思決定を改善する方法として、エンタープライズダッシュボードを構築しました。

変革3

「変革」の3つ目のインクリメントは、教育の拡大、アジャイルな文化の評価、組織外部に対するアジャイルの影響にフォーカスしました。

アジャイルの適用に興味を持つ人たちが増えてきたので、教育を拡大する必要がありました。社内にアジャイル推進者が数多くいたので、アジャイル実践者の教育に協力してもらいました。アジャイルコミュニティに恩返しができると感じたのか、熱心に協力してくれました。比較的短期間で大勢の従業員が教育を受けました。

変革を続けながら、アジャイルな文化の評価にもフォーカスしました。アジャイルの導入が本当に変革につながっているかを理解するためです。企業におけるアジャイルのマインドセットのレベルを評価するために使用したのが「アジャイルの文化的評価調査」です（第20章）と組み合わせ、アジャイルな文化と顧客重視を関連付けました。そして、障害物を取り除き、価値のインクリメントをカットすることで、リードタイムが28か月から3か月に短縮されました。

企業を遅らせる障害物のなかには、OnHigh の社外から提供されるものもありました。何かが提供されたときには、フィードバックを取り入れて統合するために、再加工する必要があったのです。これは、外部ベンダーにアジャイルのマインドセットと仕事に求められる漸進的なリズムを教育することにつながりました。また、実費精算契約よりも、検査と適応や漸進的なアプローチでベンダーと付き合う方法を実験しました。これにより、端から端までのリードタイムがさらに短縮されました。

持続

「持続」に移行しても、アジャイルの取り組みが終わったわけではありません。しかし、文化については、顧客価値の特定・検証・提供や、チームの自己組織化などにフォーカスしていました。「持続」は、企業のニーズやリーダーの変化に合わせて、頂上と谷間を行き来しながら、永遠に続きます。

リーダーシップや従業員が変わっていくので、教育やコーチングにも引き続きフォーカスします。コーチングのサポートレベルは、これまでよりも低くなりますが、アジャ

イルのコンセプト、プラクティス、マインドセットについては、引き続きフォーカスします。以前に説明した「アジャイルの文化的評価調査」に調整を加えてから、「持続」期間で少なくともあと1年は使用するかどうかを決めます。

また、さらに効果を高めるためのフィードバックが得られたので、既存のコンセプトやプラクティスを洗練させることにもフォーカスしました。これには、高い価値を顧客にもたらす新しいコンセプトやプラクティスを導入することも含まれていました。図22-8に「持続」の活動を示していますが、これは近い将来まで続くでしょう。

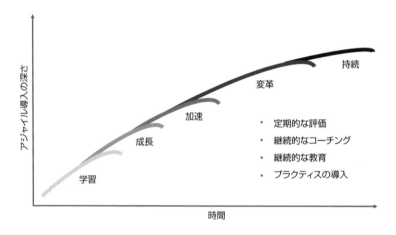

図22-8：アジャイルの変革が持続する

　アジャイルの変革までの各インクリメントには、半年ずつかかっていることに注意してください。合計すると3年以上経過しています。企業の変革には時間がかかります。マインドセットの変化や新しい思考法が必要になるからです。こうした労力を過小評価しないでください。

22.3　あなたのアジャイルの物語をどう書くか?

　今度はあなたがアジャイルの物語を書く番です。あなたのアジャイル銀河は、上から下まで、端から端まで、すべてアジャイルで構成されていますか？　すべての人が関与していますか？　顧客フィードバックを手に入れて顧客価値を学習する顧客価値駆動企業ですか？　従業員はオーナーシップが与えられており、自分たちが大切にされていると感じていますか？

あなたの企業が顧客価値の高い仕事にフォーカスしていると想像してください。戦略からタスクまで、すべてのアイデアが明らかになっているため、全員が自分たちの仕事が戦略と合致しているのか、優先順位の高いアイデアなのかを知ることができます。従業員が脳力の100%を活用して、自己組織化しながら仕事に取り組み、顧客価値を構築することが信頼されています。確実性の思考よりも発見的なマインドセットが勝っています。マネージャーはリーダーであり、みんなをインスピレーション、ビジョン、信頼で導きます。顧客も構築に関わっているため、プロダクトやサービスを心から受け入れています。想像してみてください!

将来を想像してみましょう。本書では、企業全体にアジャイルを導入するための、最新のアジャイルのコンセプト、マインドセット、プラクティス、テクニックを数多く紹介しました。次はあなたがアジャイルの物語を書く番です。あなたのアジャイルの旅が、アイデアからデリバリーまで、チームレベルからエグゼクティブレベルまで広がることを願っています。あなたがアジャイルの物語を想像・実現できますように。

索引

■記号

2次の隔たり	18, 88, 98, 268
4R	142
5R	131
6R	142
6つのプリズム	204
7つのレベルの委譲	94

■アルファベット

AMO	92
Ben Lamorte	271
big upfront	136
Buy a Feature	147, 175
CD3	133, 154, 242, 253
Christina Wodtke	271
CoD	133, 149, 242, 253, 282
COMETS	67, 117
Conteneo	147
customer-value-driven	11
CVDエンジン	13, 66, 183
CVD企業	58
CVDフレームワーク	11, 25, 58
DONE	203
Emergn	107, 131, 204
Flow	107
HiPPO	147, 240, 253
HR	263, 270
Innovation Games	147
Key Results	271
L・デビッド・マルケ	267
Lean Coffee	282
MoSCoW	147
MVP	202
NPS	255
Objectives	271
Objectives and Key Results	271
OKR	271
OST	265, 278
Paul R. Niven	271
PMO	91
PO	85, 89, 269
Point of View	177
Q12	79
Quality	107
Realize	131
Record	131
Refine	131
Reflect	142
Release	131
Reveal	131
ROI	148
TODO	203
Value	107
VFQ	107
WIP	203
WIP制限	146
Work-Based Learning	109
WSJF	148
XP	140

■あ

アーリーアダプター	163, 165, 167, 181
アイデア	186, 187, 235
アイデアの記録	234
アイデアパイプライン	131
アイデアマネジメントモデル	131
空き部屋なしのイノベーションホテル	60
アクション	225
アクター	138
アジャイル	21, 22
アジャイル銀河	30
アジャイル銀河の3次元	117
アジャイルコーチ	78, 92
アジャイルソフトウェア開発宣言	23
アジャイルなマインドセット	22
アジャイルな予算編成チーム	239
アジャイルの価値と原則	25, 45, 88, 108
アジャイルの文化的評価調査	50
アジャイルのマインドセット	240
アジャイルプロセス	69
アジャイル変革	36
アジャイルマネジメントオフィス	92
アジャイルミートアップ	282
アジャイルを構造的に実行する	43
新しい規制	150
アッシュ・マウリャ	162
圧倒的な優位性	163, 167
「アハ」の瞬間	37
アレックス・アダモポロス	109
アンカンファレンス	268
安全	68, 77, 117
アンチパターン	60

■い

生きているドキュメント	206
意見	147
意思決定	190
依存関係の管理	216, 239
偽りの確信	60
偽りの確実性	14
イテレーション	118
稲妻型のチーム	48, 98, 235, 240, 286
インクリメント	119, 187, 238
インクリメントを最小化	202

■う

ウォーターフォール	223
ウォーターフォール型の開発	201
受け入れ基準	227
動くソフトウェア	43
運営	236

■え

営業	142
影響	121
エクストリームプログラミング	140
エグゼクティブ	87
エゴから離れる	49
エピック	187, 223
エリック・リース	202
エレベーターピッチ	163
エンゲージ	22
エンゲージされた顧客	13
エンゲージされた従業員	13
エンゲージメントのレベル	25
エンタープライズアイデアパイプライン	91, 129, 144, 213, 233, 235, 242, 286
エンタープライズアイデアパイプラインモデル	282
エンタープライズカンバンボード	131
エンタープライズパイプライン	235
エンパワーメント	47, 68, 74, 117

■お

オーナー	85
オーナーシップ	68, 71, 117, 240
オープンエンドな質問	243
オープンクエスチョン	156
オープンスペース	268
オープンスペーステクノロジー	265, 268, 278
遅れて参入	153
落とし穴	92
オリエンテーションプログラム	265
オンラインコラボレーション	112

■か

回顧	142
回顧ステージ	143, 176, 179, 182, 248, 254
改善アクション	40
改善機会	258
階層	76
開発段階	255
開発チーム	84
外発的動機付け	72, 265
価格	147
価値指標	252
確実性	14
確実性の思考	268
学習	106, 280
学習・適用・共有のモデル	109
確証バイアス	206
仮説	119, 120, 126
仮説としてのアイデア	167, 168

加速	283
家族	47
課題	163, 164
価値	133, 204
価値曲線	151, 252
価値駆動の文化	47
価値提案	161
価値と戦略の所有者	242, 244
価値の仮説	207
価値の所有者	239
価値の高い仕事	236
価値の低い仕事	237
価値のレベル	135
稼働	235
可能性のある次の仕事	212
可能性のある未来の仕事	212
カンバン	140
カンバンボード	212
関与レベル	254
管理	17

■き

機会	166, 167
期間	153
期間の見積り	153
企業戦略	187
企業の文化	103
企業レベル	111
技術的な理由	196
既存の代替品	163, 166, 167
期待理論	72
軌道修正	240
機能	59
規模	228
基本的な構成要素	97
ギャラップ社の12の質問	79
キャリア	273
キャリアマネージャー	89
キャンパス	242
教育	103, 286
教育と実験	281
教育要素	105
供給	235
供給側	234
強制的ランク	272
共通の目的	69
業務ベース学習	109
協力的な会話	220
記録	131, 234, 255
記録ステージ	132, 160, 178, 180
緊急性	205
銀の弾丸	39

■く

グルーミング	139, 216, 222
クロスファンクショナル	286

クロスファンクショナルチーム	48	コスト構造	162, 163, 165

■け

計画に従う	61	コストと期間	167, 168
経験	105	コストの回避	150
計測	249	コストの削減	149
継続的インテグレーション	140	個別の生物	48
継続的な学習	60	コミュニケーション	70, 95
継続的な顧客フィードバック	11	コメント	228
継続的に学習	101	コラボレーション	65, 68, 95, 117
継続的に顧客にエンゲージ	59	コラボレーションプロセス	221
傾聴	96	コントロールを与える	267
ゲーミフィケーション	269	コンバージョン率の向上	150, 155
結果	27, 271		
権限範囲	69, 93	■さ	
検証	172	サーバント	84
		サーバントリーダー	47, 91

■こ

公開	206	サーバントリーダーシップ	267
貢献	105	サイクルタイム	255
構造に精通	44	財務部門	90
構築・検査・適応モデル	69	作業項目	224
肯定的で好意的な世界観	76	作業の引き取り	234
傲慢な確実性	14		
コーチング	104	■し	
コーディネーション	70	ジェーン・スミス	74
コードの共同所有	140	ジェフ・パットン	137, 197, 206
顧客	53, 55, 87	思考のアプローチ	117
顧客2.0	179	自己組織化	48, 68, 240
顧客が必要とするもの	59	仕事	236, 273
顧客価値	11, 237, 268	市場投入までの時間	255
顧客価値エンジン	12, 54	市場の理由	196
顧客価値キャンバス	166, 167	システム	138
顧客価値駆動	42, 279	事前にやり込む	136
顧客価値駆動エンジン	66	持続	287
顧客価値駆動企業	11, 58	実験	105, 121
顧客価値駆動フレームワーク	11	実現	131, 234
顧客価値の学習	173	実験思考	119, 242
顧客価値の提供	248	実現ステージ	139, 175, 176, 181, 182, 255
顧客価値の方向性	192	実装の詳細	227
顧客価値までの道筋	109	実用最小限の製品	202
顧客採用曲線	202	視点	177
顧客収益	250	シニアマネジメント	87, 94
顧客セグメント	161, 163-165, 180	指標	248
顧客ではない	54	ジャストインタイム	205
顧客との関係	161	収益	250, 257
顧客との協調	43	収益指標	257
顧客の「ペルソナ」	55	収益の維持	149
顧客の宇宙	57	収益の増加	149
顧客フィードバック	22, 26, 58	収益の流れ	162, 163, 165
顧客フィードバックビジョン	182	従業員	67, 263
顧客フィードバックループ	174	従業員エンゲージメント	22, 26
顧客ペルソナ	166, 167, 183	従業員重視	279
顧客満足度	254	従業員のエンゲージメント	79
顧客リレーションシップ	54	従業員のエンパワーメント	74
個人と対話	43	従業員の文化	80
		従業員満足度	258
		従業員レベル	110
		従業員を大切にする	274

収束型の議論	188	絶対に必要なもの	147
収束思考	122	セルフマネジメント	48, 266
収束段階	122	全員	222
重要な目的	73	先行指標	250
主体的移動の法則	278	先行指標の価値	250
需要	235	漸進思考	11, 118, 119, 242
主要活動	162	漸進的	42
需要側	234	選択肢	126
主要指標	163, 165, 167, 168	前提	167, 168
純収益	257	前提を疑う	16, 135, 156, 242
順応型の「アンバー（黄色）」パラダイム	46	戦略の所有者	239
ジョアンナ・ロスマン	146	洗練	131, 221, 234, 255
状況	228	洗練ステージ	136, 175, 178, 180, 181, 196
情報ラジエーター	259		
初期のパラダイム	46	■そ	
所有者	85, 228	早期の先行指標	253
将来の顧客	180	操縦士	54
進化型の「ティール（青緑）」のパラダイム	47	創造的	69
人事部	263	属性	214, 228
人事部門	89	ソリューション	163, 165
シンプル	206		
信頼	65, 68, 75, 76, 117	■た	
信頼関係	96	第1スキル	240
心理的な安全	77	第2スキル	240
親和図法	126	第3スキル	240
		対象	121
■す		多元型の「グリーン」のパラダイム	47
推奨者	255	タスク	187, 223, 228
彗星	67	ダッシュボード	259
推薦者	255	達成型の「オレンジ」パラダイム	47
水平	76	妥当性確認	172
少なすぎて漏れがある	61	ダニエル・ピンク	265
スクラム	140		
スクラムボード	212	■ち	
スクラムマスター	78, 84	チーム中心の観点	32
スティーブ・ジョブズ	148	チームによる組織	240
スティーブ・バルマー	145	チームバックログ	212, 213
ステークホルダー	56, 146, 204, 233, 238	チームレベル	110
ストーリーポイント	111	遅延コスト	133, 282
ストーリーマッピング	198	遅延コストと価値スコア	167, 168
ストーリーマップ	197	遅行指標	250
スパイクソリューション	224	遅行指標から先行指標までの道筋	250
スプリント	119	着手中	203
スプリントバックログ	213	チャネル	161, 163, 165, 167, 168
スプリントレビュー	62, 174, 251	チャンピオン	85
スプリントレベル	146	中立者	255
スライス	187	地理	204
		沈黙	122
■せ			
成果	26, 248	■て	
成果にフォーカス	27	ディスカバリーキャンバス	166
成功指標	286	デイリースクラム	273
誠実性	96	適切なバランス	23
成長	97, 236, 281, 282	できないかもしれない仕事	212
整流化	205	デザイン思考	125
セッション	238	テスト駆動開発	140
		デモ	174
		デモの顧客	253

デモンストレーション ………………………… 62
デリバリー能力 ………………………………… 197
デリバリーの軸 ………………………………… 31
デリバリーライフサイクル …………………… 106

■と
投資判断 ………………………………………… 235
投資利益率 ……………………………………… 148
透明性 …………………………………………… 96
独自の価値提案 ………………………… 163, 165
読書 ……………………………………………… 104
ドット投票 ……………………………………… 126
ドットをつなげる ……………………… 209, 218
トップダウン …………………………………… 285
ドナルド・ライナートセン …………………… 154
トレーサビリティ ……………………………… 189
トレーニング …………………………… 103, 104
トレンド指標 …………………………………… 257
ドン・ライナートセン ………………………… 149

■な
内発的動機付け ………………………… 72, 73, 265
何に最適化しているか ………………………… 17
何を望んでいるのか …………………………… 62

■に
ニュートラル …………………………………… 42
ニュートン ……………………………………… 148
人間の意識の進化 ……………………………… 46
認識的傲慢 ……………………………… 14, 147
ニンジンと棒 …………………………………… 72

■ね
ネガティブ ……………………………………… 42
ネットプロモータースコア …………………… 255
年単位のパフォーマンス評価 ………………… 272

■は
パートナー ……………………………………… 162
ハイレベルコンセプト ………………………… 163
バックボーン …………………………………… 199
バックログ ……………………………… 210, 224
発見 ……………………………………………… 11
発見的なマインドセット ……………… 116, 117, 173
発散型の議論 …………………………………… 188
発散思考 ………………………………………… 121
発散してから収束する ………………………… 206
発散と収束 ……………………………………… 123
パフォーマンスマネジメント ………………… 263
パフォーマンスマネジメントシステム ……… 271
ハリソン・オーエン …………………………… 269
バリューストリームマッピング ……………… 233
パレートの法則 ………………………………… 253
反応 ……………………………………………… 130

■ひ
ヒエラルキーの軸 ……………………………… 31
ビジネス部門 …………………………………… 88
ビジネスメリット ……………………………… 225

ビジネス目標 …………………………………… 269
ビジョン ………………………………………… 183
ビジョンステートメント ……………………… 192
ビッグバン ……………………………………… 272
必要性 …………………………………………… 205
否定的で敵対的な世界観 ……………………… 76
批判者 …………………………………………… 255
評価 ……………………………………………… 134
標準書式 ………………………………… 225, 227, 270
ビル・ゲイツ …………………………………… 145
披露 ……………………………………… 131, 234
披露ステージ 134, 136, 137, 174, 179, 180, 182, 233, 235, 253

■ふ
ファシリテーター ……………………………… 84
ファンクショナルマネージャー ……………… 89
フィードバック ………………………………… 171
フィードバック思考 …………………… 124, 242
フィードバックループ 124, 143, 167, 168, 172, 183, 192, 238, 242
物理的な安全 …………………………………… 77
部分最適化 ……………………………………… 19
部分最適化の心地よさ ………………………… 61
部門による組織 ………………………………… 240
ブライアン・J・ロバートソン ………………… 98
プラクティスを共有 …………………………… 112
フラットバックログの悲劇 …………………… 197
フリースタイル ………………………………… 133
ふりかえり ……………………………… 40, 105
プリズム ………………………………………… 202
プルモデル ……………………………………… 282
ブレインストーミング ………………………… 122
フレデリック・ラルー ………………… 46, 66, 98
プロジェクト …………………………………… 232
プロジェクトマネジメントオフィス ………… 91
プロセス ………………………………………… 29
プロダクト ……………………………………… 58
プロダクトオーナー ……… 55, 85, 88, 139, 146, 224, 269
プロダクトバックログ …………… 93, 110, 211, 213
プロダクトバックログの優先順位付け ……… 146
プロモーター …………………………………… 255
文化 ……………………………………………… 29
文化的な移行 …………………………………… 39
文化的な側面 …………………………………… 118
文化的な変革 …………………………………… 279
文化の旅 ………………………………………… 40
分散型の権限 …………………………………… 47

■へ
ペアプログラミング …………………………… 140
隔たりルール …………………………………… 82
ペルソナ ………………………… 138, 177, 205, 225
変革 ……………………………………… 236, 284
変化の制約 ……………………………………… 61
変化への対応 …………………………………… 44, 61
変化を制限 ……………………………………… 12

変更 ………………………………………… 121
編成 …………………………………………… 36
ヘンリー・フォード ……………………… 62

■ほ
包括的で健全なアジャイル銀河 ……………… 36
報酬と罰 ………………………………………… 265
ポートフォリオバックログ …………………… 131
ポートフォリオマネジメントチーム …… 90, 239
ポジティブ ………………………………… 42, 69
ボトムアップ …………………………………… 285
ホラクラシー ……………………………… 97, 240

■ま
マーケティング ………………………………… 142
マインドセット ………………………………… 11
マインドセットの移行 ………………………… 28
マインドセットの導入 ………………………… 39
マインドを準備 ………………………………… 49
満足度を計測する ……………………………… 259

■み
未知の未知 ……………………………………… 179
ミドルマネージャー ……………………… 88, 270
ミドルマネジメント …………………………… 94
みんなで作成 …………………………………… 206

■め
明確な役割 ……………………………………… 83
メカニック ……………………………………… 66
メンタリング …………………………………… 104
メンティー ……………………………………… 105

■も
目標 ……………………………………………… 271
モチベーション ……………………… 65, 68, 72, 117
モブクリエーション …………………………… 206

■や
役割 ………………………………………… 29, 48, 81

■ゆ
ユーザーストーリー …………… 186, 187, 219, 223
ユーザーストーリーマッピング ……………… 137

ユーザー体験 …………………………………… 199
ユースケース …………………………………… 138
優先順位 ………………………………………… 200
有用性 …………………………………………… 249
ゆとりの議論 …………………………………… 136
ユルゲン・アペロ ……………………………… 94

■よ
要求 ………………………………… 185, 222, 232
要求ツリー …………………………………… 186, 222
要求ツリーの利点 ……………………………… 190
要求の変更を歓迎 ……………………………… 232
要求を書き留める ……………………………… 221
要求を壁越しに投げる ………………………… 220
擁護者 …………………………………………… 85
予算編成 …………………………………… 231, 237
予算編成の枠組み ……………………………… 244
予測 ……………………………………………… 151

■ら
ライフサイクル利益インパクト ……………… 149
ライブフォーラム ……………………………… 112
ラリー・C・スピアーズ ……………………… 267

■り
リードタイム ……………………………… 256, 286
リーンキャンバス ………………………… 133, 162
理解を共有 ……………………………………… 221
リサーチスパイク ……………………………… 224
リスク ……………………………… 167, 168, 204
リソース ………………………………………… 162
リッカートスケール …………………………… 50
リファインメント ………………………… 139, 216
リファクタリング ……………………………… 140
流行好き ………………………………………… 180
リリース …………………………………… 131, 234
リリースステージ ………………………… 141, 176

■ろ
労力 ……………………………………………… 249
ロバート・K・グリーンリーフ ……………… 267

装丁　会津勝久

アジャイルエンタープライズ

2018年03月19日　初版第1刷発行

著　者　Mario E. Moreira（まりお・E・もれいら）
監　修　川口恭伸（かわぐち・やすのぶ）
翻　訳　角 征典（かど・まさのり）
発行人　佐々木幹夫
発行所　株式会社翔泳社（http://www.shoeisha.co.jp/）
印刷・製本　株式会社加藤文明印刷所

本書は著作権法上の保護を受けています。本書の一部または全部について（ソフトウェアおよびプログラムを含む）、株式会社翔泳社から文書による許諾を得ずに、いかなる方法においても無断で複写、複製することは禁じられています。

本書へのお問い合わせについては、iiページに記載の内容をお読みください。

落丁・乱丁はお取り替えいたします。03-5362-3705までご連絡ください。

ISBN978-4-7981-5504-3　　　　　　　　　　　　　　　Printed in Japan